U0179838

# 水镁石纤维混凝土路面
# 工程应用技术

关博文 赵 华 刘竞怡 著

科 学 出 版 社

北 京

# 内 容 简 介

本书以水镁石纤维混凝土为研究对象，通过纤维加工试验及混凝土性能测试，确定适合于道路水泥混凝土增强的水镁石纤维质量指标及性能、水镁石纤维混凝土路面材料组成设计方法。通过混凝土拌和物制备工艺试验，提出水镁石纤维在道路水泥混凝土拌和物中的分散技术。结合路面工程铺设试验及路面性能检测，确定水镁石纤维混凝土材料路面施工工艺参数，评价水镁石纤维混凝土路面的应用技术经济效果，最终形成水镁石纤维混凝土路面工程应用技术，为水镁石纤维混凝土路面的推广应用提供技术支持。

本书可供水镁石纤维混凝土路面工程设计、施工人员借鉴，也可供道路工程等专业高校师生和相关领域的研究人员参考使用。

图书在版编目（CIP）数据

水镁石纤维混凝土路面工程应用技术 / 关博文，赵华，刘竞怡著. —北京：科学出版社，2023.6
    ISBN 978-7-03-074053-3

Ⅰ. ①水… Ⅱ. ①关… ②赵… ③刘… Ⅲ. ①水镁石–纤维增强混凝土–路面施工–研究 Ⅳ. ①TU528.572

中国版本图书馆 CIP 数据核字（2022）第 231030 号

责任编辑：祝 洁 汤宇晨 / 责任校对：严 娜
责任印制：张 伟 / 封面设计：陈 敬

科学出版社 出版
北京东黄城根北街 16 号
邮政编码：100717
http://www.sciencep.com

北京中石油彩色印刷有限责任公司 印刷
科学出版社发行 各地新华书店经销
*
2023 年 6 月第 一 版 开本：720×1000 1/16
2023 年 6 月第一次印刷 印张：12 1/2
字数：248 000
定价：128.00 元
（如有印装质量问题，我社负责调换）

# 序

　　水泥混凝土是一种脆性材料，抗拉强度低，变形性能差。一旦外载超过设计的极限强度，混凝土板就会出现断裂，尤其是高强混凝土和高标号高性能混凝土，脆性更大。因此，提高水泥混凝土的抗拉强度和韧性，对于提高其使用寿命具有非常重要的现实意义和应用价值。目前，在混凝土中添加增强纤维形成纤维混凝土，是混凝土改性的有效方法之一。纤维混凝土是一种复合材料，除了具有传统混凝土抗压强度高的特点，发挥纤维抗拉强度高的长处，还利用纤维在混凝土承载中的脱黏、拔出、桥接、载荷传递等作用，增加混凝土承载中吸收能量的特性，大大提高了混凝土的抗裂性、韧性、抗渗性、抗冲击性和疲劳强度。工程中常用的几种纤维混凝土有钢纤维混凝土、玻璃纤维混凝土、碳纤维混凝土及合成有机纤维混凝土，以水镁石纤维作为混凝土增强材料的纤维混凝土在国外尚未看到研究报道，相关研究在我国仅处于起步阶段。

　　该书作者课题组先后承担了交通运输部应用基础研究项目"水镁石纤维在道路水泥混凝土中的应用研究"、交通运输部西部交通建设科技项目"水镁石纤维增强道路水泥混凝土材料路面工程技术研究"。该书基于水镁石纤维在路面工程应用领域的研发成果，总结了水镁石纤维混凝土在路面工程应用中的原材料质量标准、组成设计、制备工艺及施工工艺，具有一定的学术水平和应用价值。

　　该书的出版将为水镁石纤维混凝土在道路工程中的推广应用奠定技术基础，对于促进我国水泥混凝土路面的发展具有重要作用。

长安大学　刘开平教授

2022 年 5 月

# 前　言

　　水泥混凝土路面是高级路面的重要结构形式。与沥青路面相比，水泥混凝土路面具有寿命长、养护工作量较小、能源消耗少、施工简便及对交通等级和环境适应性强等优点。水泥混凝土路面是世界各国广泛应用的路面结构形式，具有较长的应用历史。由于石油资源紧缺和价格上涨，沥青价格也在上涨，沥青路面成本大大增加。与此相比，水泥价格则变化不大。我国是产量最大的水泥生产国，连续多年水泥产量保持世界第一。我国水泥资源丰富，水泥混凝土路面发展具有较好的资源条件。由于资源、能源的制约，加快水泥混凝土路面的发展和技术进步是我国公路建设的客观需求，也是促进我国能源大发展的重要措施。

　　我国早期修建的水泥混凝土路面使用状况不佳，使用寿命大大低于设计使用年限。尤其在一些重交通干道上，水泥混凝土路面早期破损严重，往往通车 2～5 年就产生断板、断角和碎裂等结构性损坏。也就是说，目前一些水泥混凝土路面不但没有体现使用寿命长、养护费用低等优点，反而其维修困难的缺点进一步凸显，甚至有些省市行政主管部门明令限制水泥混凝土路面在干线公路中的应用。水泥混凝土路面损坏的原因是多方面的，其中最主要的原因与水泥混凝土材料的脆性有关。

　　水泥混凝土材料是一种多缺陷、抗拉强度低、难以塑性变形的脆性材料，容易在拉伸、弯曲、冲击等载荷的作用下断裂。因此，提高水泥混凝土的抗弯拉强度和韧性，对于结构的安全和提高使用寿命具有非常重要的意义。

　　道路水泥混凝土是一种应用条件更为苛刻的混凝土材料。与普通水泥混凝土相比，道路水泥混凝土在应用中不仅要受到温度变化、风吹日晒、雨雪冻融等自然环境及静载荷的考验，而且在动载荷的条件下工作，要经常受到冲击、振动、摩擦、过载，循环不已的载荷引起的疲劳应力，路面、地基的温度差及地基稳定性产生的变形，夏天高温路面经暴雨冷却引起的温度应力，冬天冻融伸缩及雨雪侵蚀等考验。为了提高强度和耐磨性，道路混凝土一般采用高标号水泥，脆性是其破坏的主要原因。当道路水泥混凝土受到弯曲载荷作用时，在受拉的部位就容易萌生裂纹。由于混凝土难以抑制裂纹的扩展，一旦有裂纹产生，就容易发生脆性断裂，使道路的使用寿命比设计的预期值大大缩短。在水泥混凝土中添加纤维可以有效改善混凝土韧性。因此，纤维增强水泥混凝土是改善水泥混凝土路面材料韧性的重要措施之一，以纤维增强道路水泥混凝土，对于提高道路的力学性能很有必要。

以水镁石纤维增强道路水泥混凝土，有望提高水泥混凝土路面的使用性能，减少社会营运成本，延长道路的服役寿命。本书旨在解决水镁石纤维混凝土路面材料在道路工程应用中的关键工程技术问题，为水镁石纤维混凝土路面材料在道路工程建设中的应用提供依据。

本书依托交通运输部应用基础研究项目"水镁石纤维在道路水泥混凝土中的应用研究"、交通运输部西部交通建设科技项目"水镁石纤维增强道路水泥混凝土材料路面工程技术研究"的研究成果，汇总研究团队（刘开平、郭军庆、孙志华、王振军、贾侃、温久然、王尉和、韩定海、吕文江、李忠泉、刘太军、赵卫东、王艳荣、马涛、张艳、王燕、李锋、梁东升）在水镁石纤维路面工程中应用技术方面的成果撰写而成。本书第1~6章由长安大学关博文撰写；第7章由陕西铁路工程职业技术学院刘竞怡撰写；第8章由南昌大学赵华撰写。

本书是水镁石纤维混凝土在路面工程中的应用技术总结，引用了部分学者观点，在此表示感谢。

由于作者水平有限，书中不足之处在所难免，恳请广大读者批评指正。

# 目　　录

# 第1章 绪 论

## 1.1 纤维增强水泥混凝土的应用现状

目前，水泥混凝土中应用的增强纤维有钢纤维、合成有机纤维(包括聚丙烯纤维)、碳纤维、玻璃纤维和陶瓷纤维等，其中主要是钢纤维和聚丙烯纤维[1,2]。

钢纤维增强混凝土最早出现于 1849 年，法国花匠莫尼尔(1823—1906)将细铁纤维丝加入水泥中，并将其制成钢纤维增强水泥混凝土桶和花盆。1855 年，法国工程师在水泥中加入较细的铁条，用混合物制成了一艘水泥船并申请专利。1910 年，美国人波特(Porter)将薄钢片加入混凝土中，发现混凝土的抗拉强度和抗冲击性能都得到了不同程度的提高，并因此获得专利。以上是钢纤维混凝土的早期实践[3]。目前，钢纤维混凝土已经普遍应用于各种土木工程中，包括道路和机场建设工程[4,5]。

20 世纪 70 年代初期，一些发达国家开始将聚丙烯单丝纤维掺入水泥混凝土，并将其应用到工程项目中，这种纤维的直径与钢纤维相近，为 0.22～0.25mm，体积分数在 0.50%左右[6]。70 年代中期，美国提出了一种聚丙烯膜裂纤维(fibrillated polypropylene fiber)，这种纤维的直径大于 2mm，由多束纤维聚集在一起。当其与混凝土拌和，便会分裂成若干个细纤维束，且束内纤维展开，并相互牵连成网络，其中单丝直径为 48～62μm。这种纤维不仅可以减小纤维的直径尺寸，还可以将纤维的体积分数降低到 0.10%～0.20%[7,8]。80 年代初，美国的一些公司通过表面处理技术提出了直径更小的合成有机纤维(包括聚丙烯单丝纤维和尼龙单丝纤维)，直径为 23～62μm，并且可以均匀分布于混凝土中。当纤维体积分数为 0.05%～0.20%时，对混凝土具有明显的抗裂与增韧效果[9-12]。美国与加拿大已大量使用低掺入率的有机合成纤维预拌混凝土，包括聚丙烯单丝纤维、聚丙烯膜裂纤维和尼龙纤维等。在美国，纤维混凝土不仅被用于常见的民用建筑，如房屋、道路、桥隧和地坪，还被用于大型的地下防水工程和工农业建筑[13,14]。

我国最早大规模投入工程应用的纤维混凝土是玻璃纤维混凝土。20 世纪 70 年代初，我国引入了纤维混凝土技术[15-17]。中国土木工程学会纤维水泥与纤维混凝土委员会于 1986 年在大连召开了第一届全国纤维水泥与纤维混凝土学术会议，此后又分别在哈尔滨(1988 年)、武汉(1990 年)、南京(1992 年)、重庆(1996

年)、济南(2000 年)、西安(2018 年)、郑州(2021 年)等地召开会议。我国土木学者对纤维混凝土技术已经有了较长时间的研究。

20 世纪 90 年代初，由美国生产的合成有机纤维混凝土通过商业的方式传入我国，这成为合成有机纤维混凝土在我国开始广泛应用的契机[18-20]。据不完全统计，我国采用美国杜拉纤维混凝土的实际工程项目已经数以万计，涉及的工程项目几乎覆盖了土木工程领域能用到混凝土的全部项目类型。这种趋势还在不断上涨，不难看出，我国土木工程界合成有机纤维混凝土应用的新高潮即将来到。

## 1.2　水镁石纤维特点

水镁石纤维(fiber brucite，FB)是一种天然产出的非石棉矿物纤维，主要成分是氢氧化镁，是非金属矿物资源的一种。水镁石纤维的化学成分见表 1-1。

表 1-1　水镁石纤维的化学成分

| 组分 | $SiO_2$ | MgO | $Al_2O_3$ | $Fe_2O_3$ | FeO | CaO | $H_2O^-$ | $H_2O^+$ |
|---|---|---|---|---|---|---|---|---|
| 质量分数/% | 1~3 | 61~65 | 0.2~0.3 | 0.6~1.9 | 2~6 | 0.1~0.2 | 0.08 | 28.02 |

水镁石晶体结构呈层状，属于三方晶系。水镁石的羟基离子近似呈六方最密堆积，镁离子作为阳离子填充于每两层相邻羟基离子之间的全部八面体空隙，每个镁离子都被六个羟基离子包围，每个羟基离子的一侧都有三个镁离子，[Mg(OH)₆]八面体平行(0001)以共棱方式连接成层；结构层内是离子键，层间以很弱的氢氧键相连，形成了层状结构。单晶体呈现厚板状，比较常见的构造是块状集合体，有时也呈球状和纤维状。FB 是水镁石的纤维状集合体，FB 的长轴平行于 α 轴，水镁石晶体结构及显微照片见图 1-1。

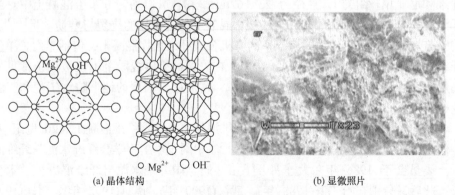

○ $Mg^{2+}$　○ $OH^-$

(a) 晶体结构　　　　　　　　　　　(b) 显微照片

图 1-1　水镁石的晶体结构及显微照片

水镁石纤维与其他纤维的抗拉强度及弹性模量比较见表 1-2。由表 1-2 可知，水镁石纤维的抗拉强度为 902MPa，与不同种类纤维的抗拉强度比较，水镁石纤维的抗拉强度处于中等水平，可以作为一种优质的增强材料[21-23]。

表 1-2　水镁石纤维与其他纤维的抗拉强度及弹性模量比较

| 指标 | 水镁石纤维 | 尼龙纤维 | 聚丙烯纤维 | 钢纤维 | 抗碱玻璃纤维 |
|---|---|---|---|---|---|
| 抗拉强度/MPa | 902 | 300~1331 | 449~899 | 700~1010 | 2480 |
| 弹性模量/GPa | 13.8 | 2.2~6.6 | 0.5~1.3 | 220.0~240.0 | 85.0 |

水镁石纤维不仅呈现出优良的力学性能，其物理化学性能也非常出色，已经在建材、造纸、橡胶、塑料中应用，主要用作耐火材料、增强材料、阻燃剂、镁化合物和金属镁的原料等[24]。

作为增强材料，水镁石纤维可以明显改善水泥基复合材料的力学性能，同时具有以下特点。

(1) 成本较低。表 1-3 是常用增强纤维在混凝土中的造价对比表。从表 1-3 可知，常用增强纤维中水镁石纤维的单价是最低的。根据材料用量计算的混凝土增加造价中，水镁石纤维即使在采用最高价的情况下，成本也是最低的。

表 1-3　常用增强纤维在混凝土中的造价对比表

| 纤维名称 | 规格 | 单价/(元/t) | 用量/(kg/m³) | 造价/(元/m³) | 备注 |
|---|---|---|---|---|---|
| a 钢纤维 | 平直 | 3500 | 50~90 | 245.0 | 用量取中值 |
| a 钢纤维 | 扭曲 | 4200 | 50~90 | 294.0 | 用量取中值 |
| b 钢纤维 | 针状 | 3600~4000 | 50~90 | 266.0 | 用量、单价均取中值 |
| b 钢纤维 | 片状 | 5200~5500 | 50~90 | 374.5 | 用量、单价均取中值 |
| a 聚丙烯纤维 | 丝 | 46000 | 1~2 | 69.0 | 用量取中值 |
| a 聚丙烯纤维 | 网 | 86000 | 1~2 | 137.6 | 用量取中值 |
| a 玻璃纤维 | 普通 | 4300 | 40~50 | 193.5 | 用量取中值 |
| c 玻璃纤维 | 高锆耐碱 | 19500 | 40~50 | 877.5 | 用量取中值 |
| c 玻璃纤维 | 低锆耐碱 | 15000 | 40~50 | 675.0 | 用量取中值 |
| d 水镁石纤维 | X 级 | 200~600 | 50 | 54.0 | 按最高价，用量加倍 |

注：纤维名称前字母表示产品的不同单价来源；a-江苏某钢纤维公司网上资料；b-上海某建材公司网上资料；c-陕西某纤维生产公司资料；d-陕西某矿业公司资料。

(2) 与水泥混凝土相容性好。水泥混凝土是一种碱性材料，水镁石纤维的抗碱性远强于抗碱玻璃纤维,作为天然无机纤维,其抗碱性是最好的。由于水镁石纤维具有优良的抗碱性能,其与水泥混凝土的相容性非常好。与钢纤维相比,还可以避免纤维的电化学腐蚀问题。

(3) 与水泥混凝土结合性好。水镁石纤维的亲水性很好,可以分散于水中,且吸湿性不强,这是因为其具有独特的结构组成。水镁石纤维结构中的—OH 容易与水泥硅酸盐结构中的 Si—OH 产生一定程度的化学结合,这种化学结合强于合成有机纤维和钢纤维与水泥混凝土的结合。因此,水镁石纤维与水泥混凝土具有较强的黏附力、亲和性及握裹力。

(4) 用于混凝土中施工工艺性好。由于水镁石纤维以短纤维为主,应用于水泥混凝土中容易分散均匀,可避免在其他纤维应用中出现的打团、缠结等问题,也不存在钢纤维混凝土施工及应用中对设备的磨损问题。

(5) 在我国具有资源优势。世界上水镁石资源比较丰富的国家有中国、美国、俄罗斯、加拿大、朝鲜等[25-27]。我国的水镁石矿主要分布于陕西省、辽宁省、吉林省、四川省、青海省和河南省等多个省份。世界上特大型水镁石矿床有两个,即俄罗斯的欣甘矿床和我国的大安水镁石矿床。其中,陕西省大安水镁石矿床是世界超大型纤维状水镁石矿床,储量居世界之首,是我国得天独厚的一个优势资源[28-36]。水镁石纤维增强水泥混凝土是我国的一种特色材料,也是优势资源合理利用的一种重要途径。大安矿床的水镁石纤维已探明储量为 780 万 t,现每年开采量不足万吨,资源没有得到充分利用。即使加大开采量,达到 7 万~8 万 t/a 的开采量,也可开采上百年时间,短期内不用担心原料匮乏。每万吨水镁石纤维最少能用于几十万立方米的混凝土。水镁石纤维增强混凝土价格低廉、性能优良,因此在拓宽水镁石纤维应用领域的同时能产生巨大的经济效益,值得大力推广[37-41]。

作为一种天然纤维材料,水镁石纤维矿物成分、晶体结构及化学性能均与石棉不同。我国科学家经过动物试验、人群流行病学调查、生物持久性试验、矿物溶解性试验、人体体外细胞与水镁石作用试验等系统研究,已经证明水镁石纤维是一种对人体无害的、安全的、没有致病性的天然矿物纤维[42]。

水镁石纤维应用于水泥混凝土中,与水泥中的 MgO 不同。水泥中 MgO 在水泥水化的过程中缓慢形成水镁石 $Mg(OH)_2$,而发生体积膨胀,常引起水泥硬化体破坏。水镁石纤维是一种在自然界中经过漫长地质作用形成的矿物,具有稳定的化学成分和结构。硅酸盐水泥混凝土和水镁石晶体的相容性非常好,且自身已经是稳定的水镁石相结晶。因此,将水镁石加入水泥混凝土中并不会对其体积安定性造成影响,水镁石纤维作为微孔硅酸钙增强材料的长期实践已经证实这一点[43-48]。

综上,将水镁石纤维用作道路水泥混凝土的增强材料,具有无毒无害、造价低廉、与混凝土相容性好、结合力强、便于施工等优点，具有广阔的应用前景。

## 1.3 水镁石纤维增强路面工程技术发展趋势

水泥混凝土路面作为高级路面的重要结构形式之一，具有寿命长、养护能耗较低、施工简便及适应性强的特点。水泥混凝土路面一直是世界各国历史悠久、广泛应用的道路路面[49-52]。早在 19 世纪 20 年代，英国伦敦就开始使用水泥混凝土铺筑郊外交通量较小的路面基层结构[53-59]。1912 年，美国一些地方第一次用水泥混凝土铺筑路面的面层[60]。第一次世界大战后，水泥混凝土路面得到了大量的使用。20 世纪 30~40 年代，欧美各国认识到水泥混凝土路面具有高强、耐久、行车性能好等一系列优点，开始迅速发展水泥混凝土路面[61-72]。近 20 年来，美国高速公路网中大多数路面是水泥混凝土路面，比例高达 49%。比利时大概有一半的高速公路是水泥混凝土道路，是欧洲使用水泥混凝土路面最多的国家[73-82]。法国近几年建设的高速公路中，约三分之一是水泥混凝土道路，并且高速公路大多采用了连续配筋混凝土路面。最早广泛应用水泥混凝土路面的国家是德国。在1960 年之前，德国的高速公路几乎全部是由水泥混凝土建成的，虽然 20 世纪 60年代和 70 年代使用混凝土修筑高速公路有所减少，但由于沥青路面存在破坏问题，近年来德国又对水泥混凝土路面给予了积极的关注[83-86]。近几年，德国修建的高速公路大部分为水泥混凝土道路，对存在的大量问题进行深入细致的研究，形成了材料、设计、施工、养护等一整套较为完善的技术，因此现有路面使用性能均较好。1970 年以来，英国修建的主要道路中大约五分之一是水泥混凝土道路[87-99]。

与欧洲一些国家相比，我国水泥混凝土路面的使用时间比较短。截至 1970年，我国总共只有 200km 的水泥混凝土路面，还不到高等级路面总里程的1.0%。截至 20 世纪 80 年代，水泥混凝土路面的总里程达到 1600km，占高等级路面总里程不足 1.0%[100]。20 世纪 80 年代以来，我国水泥混凝土路面得到迅猛发展。1990 年，水泥混凝土路面总里程达到 11373km，占高级与次高级路面总里程的 44.0%；至 2000 年，水泥混凝土路面总里程达到 115754km，占高级和次高级路面总里程的 46.2%。30 年来，水泥混凝土路面总里程增长了 51 倍[101-104]。21 世纪以来，水泥混凝土路面的发展速度更快。2002 年，水泥混凝土路面总里程达到 167517km，占高级和次高级路面总里程的 58.0%；2004 年，水泥混凝土路面总里程达到 257125km，占高级和次高级路面总里程的 58.2%。

近年来，由于沥青路面的迅猛发展，加之石油资源紧缺、价格上涨，沥青路面成本造价逐年提高，而与此相比，水泥价格则变化不大。我国的水泥产量连年保持世界第一，并且水泥资源也十分丰富，这为我国水泥混凝土路面的发展提供了很好的资源条件[105-108]。本着节约资源的理念，需要大力发展水泥混凝土路面，为资源的合理利用开辟一条新道路。

由于技术发展不足等，我国早期修建的水泥混凝土路面使用状况不佳，使用寿命未能达到设计使用年限就发生各种破坏[109]。尤其在一些重交通干道上，通车 2～5 年就产生断板、断角和碎裂等结构性损坏。水泥混凝土路面寿命长、维护成本低的优点并未体现，导致某些省市行政主管部门明令限制水泥混凝土路面在干线公路中的应用[110-112]。

水泥混凝土路面破坏的主要原因之一是多相异质结构及脆性材料的本质，强度越大，水泥混凝土越易在多种荷载作用下发生破坏。

水泥混凝土道路的应用环境对材料要求较为苛刻，除了受到温度变化、风吹日晒、雨雪冻融等自然环境及静载荷的考验外，更多的是经常受到疲劳应力、路面和地基的温差、温度应力等考验。为满足路面强度及耐磨的要求，道路混凝土一般采用高标号水泥，因此脆性为其破坏的主要成因[113,114]。当道路水泥混凝土受到弯曲载荷作用时，混凝土难以抑制裂纹的扩展，发生脆性断裂，使道路的使用寿命大大缩短。

水泥混凝土的固有弱点是容易因脆性产生裂缝。自水泥混凝土诞生，裂缝问题一直困扰着人们。高强混凝土的抗拉强度与抗压强度之比仅为 0.06。当结构受弯时，荷载达到破坏荷载的 15%～20%时开始产生裂缝，裂缝扩展会造成路面结构抗渗性能等降低，以致使用寿命缩短。因此，提高混凝土的韧性显得十分重要[115-123]。

大量研究表明，在水泥混凝土中添加纤维可以有效改善混凝土韧性[124]，纤维增强水泥混凝土是改善水泥混凝土路面韧性的重要措施之一[125]。因此，以纤维增强道路水泥混凝土，对于提高道路的力学性能很有必要。

本书作者所在课题组以价廉的天然矿物纤维——水镁石纤维作为道路水泥混凝土的增强材料，发挥纤维抗拉强度高、韧性强的长处，利用纤维在混凝土承载中脱黏、拔出、桥接、载荷传递等作用，增加混凝土承载中吸收能量的能力，降低混凝土的脆性，提高混凝土的抗裂性、抗冲击性和疲劳强度，改善水泥混凝土路面的韧性。本书将水镁石纤维混凝土作为研究对象，通过系统的性能测试，制订适合于道路水泥混凝土增强的水镁石纤维质量指标及评价方法、水镁石纤维混凝土路面材料配合比设计方法，并实际监测，对应用技术的经济性进行评价，最终系统整理为水镁石纤维混凝土路面工程应用技术。这些应用技术为水镁石纤维混凝土路面的推广应用奠定了基础，对于提高水泥混凝土路面使用性能、促进水泥混凝土道路发展、延长道路服役寿命、保护环境资源、实现公路建设的可持续发展等，具有重要现实意义。

# 第 2 章　道路混凝土用水镁石纤维
## 质量指标及性能

实际应用中，由于生产水镁石纤维的加工技术参数和生产工艺条件不同，水镁石纤维具有不同的牌号，不同牌号的水镁石纤维具有不同的物理性质。即使是同一牌号，不同批次及不同加工条件下得到的水镁石纤维物理性质也不完全相同[126-128]。水镁石纤维的物理性质对其在水泥基复合材料中增强作用的发挥有很大影响，特别是纤维的长度分布、纤维束松解程度、纤维中含尘量等物理性质。因此，研究符合何种指标的水镁石纤维适用于水泥基复合材料，对推动水镁石纤维增强水泥基复合材料的工业化大规模应用具有很重要的现实意义。

本章通过对各种类型水镁石纤维主要质量指标的论述，比较其对水泥砂浆的增强效果，在混凝土中加以验证，寻找出最适合用于水泥基复合材料的水镁石纤维类型，并确定物理性质指标。

## 2.1　水镁石纤维常用指标对水泥砂浆性能的影响

### 2.1.1　水镁石纤维类型的影响

#### 1. 水泥砂浆强度试验

按照《水泥胶砂强度检验方法(ISO 法)》(GB/T 17671—2021)，测定水泥胶砂试块 7d、28d 的抗折强度、抗压强度；按照《水泥胶砂流动度测定方法》(GB/T 2419—2005)，测定水泥胶砂流动度。路面水泥混凝土用水镁石纤维的检验方法及指标见第 6 章。

以一组三个棱柱体抗折强度的平均值作为试验结果。若三个强度值中有超出平均值±10%的强度时，应剔除后再取平均值作为抗折强度试验结果。

按照标准方法配料及搅拌好砂浆，进行流动度的测试。

(1) 将拌和均匀的砂浆一次装入圆锥筒内，至距圆锥筒上口 1cm，用捣棒插捣及轻轻振动至表面平整，将圆锥筒置于固定在支架上的圆锥体下方。

(2) 放松固定螺丝，使圆锥体的尖端与砂浆表面轻轻接触，拧紧固定螺丝，读出标尺读数。

(3) 突然松开固定螺丝，使圆锥体自由沉入砂浆中，10s 后，读出下沉的距离(以 cm 计)，即为砂浆的流动度值。

(4) 取两次测定结果算术平均值作为砂浆流动度的测定结果。如两次测定值之差大于 3cm，配料应重新测定。

2. 试验结果讨论

根据试验步骤完成试验，得到水镁石纤维类型试验结果，见表 2-1。

表 2-1　水镁石纤维类型试验结果

| 试验号 | 水镁石纤维种类 | 水镁石纤维膏用量/% | 抗折强度/MPa | | 抗压强度/MPa | | 流动度/cm |
|---|---|---|---|---|---|---|---|
| | | | 7d | 28d | 7d | 28d | |
| 1 | A | 10 | 9.0 | 10.5 | 46.4 | 58.1 | 1.5 |
| 2 | B | 10 | 8.8 | 9.9 | 43.6 | 56.5 | 1.8 |
| 3 | C | 10 | 8.8 | 9.8 | 43.6 | 56.3 | 1.4 |
| 4 | D | 10 | 8.3 | 9.2 | 38.5 | 52.7 | 1.2 |
| 5 | E | 10 | 8.0 | 9.0 | 41.0 | 53.5 | 4.2 |
| 6 | F | 10 | 8.0 | 8.9 | 35.0 | 52.4 | 1.3 |
| 7 | G | 10 | 8.2 | 9.5 | 39.7 | 52.8 | 1.4 |
| 8 | H | 10 | 8.1 | 9.2 | 43.3 | 54.2 | 1.6 |
| 9 | I | 10 | 8.5 | 8.6 | 39.8 | 46.4 | 1.6 |
| 10 | J | 10 | 8.7 | 9.1 | 42.5 | 52.3 | 1.9 |
| 11 | K | 10 | 8.8 | 8.9 | 32.4 | 55.7 | 1.4 |
| 12 | L | 10 | 8.4 | 9.0 | 41.7 | 51.5 | 1.5 |
| 13 | M | 10 | 8.5 | 8.9 | 40.7 | 55.7 | 1.8 |
| 14 | N | 10 | 8.6 | 8.9 | 39.5 | 49.2 | 1.4 |
| 15 | O | 10 | 8.5 | 9.4 | 39.1 | 56.5 | 1.9 |
| 16 | P | 10 | 8.4 | 8.7 | 49.0 | 52.4 | 1.8 |
| 17 | Q | 10 | 7.4 | 8.2 | 41.3 | 53.6 | 2.0 |
| 18 | R | 10 | 8.6 | 9.7 | 49.2 | 54.4 | 0.7 |
| 0 | — | — | 7.8 | 8.8 | 39.8 | 51.7 | 3.5 |

注：试验号 0 为对比样，表示未添加水镁石纤维的纯水泥砂浆。

由表 2-1、图 2-1、图 2-2 可以看出，并非所有加入水镁石纤维的水泥砂浆7d 抗折强度与 28d 抗折强度都较没有加入水镁石纤维的纯水泥砂浆高。其中，Q类水镁石纤维水泥砂浆的 7d 抗折强度没有纯水泥砂浆的 7d 抗折强度高，其余水镁石纤维水泥砂浆的 7d 抗折强度均比纯水泥砂浆的 7d 抗折强度有所提高。各类水镁石纤维水泥砂浆的 28d 抗折强度与纯水泥砂浆相比，I、P、Q 这三类水镁石纤维水泥砂浆的 28d 抗折强度低于纯水泥砂浆，其余水镁石纤维水泥砂浆的 28d

抗折强度均高于纯水泥砂浆。不同类型水镁石纤维对水泥砂浆 7d 抗折强度与 28d 抗折强度的提高程度有所不同。从表 2-1 看出，1 号试样(A 类水镁石纤维)无论是 7d 抗折强度还是 28d 抗折强度都是最高的，对于纯水泥砂浆分别提高了 15.4%和 19.3%。

图 2-1　水镁石纤维水泥砂浆 7d 抗折强度

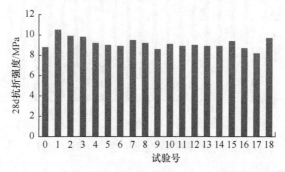

图 2-2　水镁石纤维水泥砂浆 28d 抗折强度

　　图 2-3 和图 2-4 分别为不同类型水镁石纤维水泥砂浆 7d 抗压强度和 28d 抗压强度，可以看出，同抗折强度的规律类似，并不是所有加入水镁石纤维的水泥砂浆抗压强度均比纯水泥砂浆的抗压强度高。各类型的水镁石纤维对水泥砂浆的抗压强度影响程度不一。对于 7d 抗压强度，D、F、G、K、N、O 这六类水镁石纤维水泥砂浆的抗压强度均低于纯水泥砂浆的抗压强度；I 类水镁石纤维的水泥砂浆与纯水泥砂浆的 7d 抗压强度相等；其余各类水镁石纤维水泥砂浆的 7d 抗压强度较纯水泥砂浆均有不同程度的提高，其中提高幅度较大的水镁石纤维类型有 R、P、A。对于 28d 抗压强度，I、L、N 水镁石纤维水泥砂浆的抗压强度低于纯水泥砂浆；其余类型的水镁石纤维水泥砂浆 28d 抗压强度均高于纯水泥砂浆，但是提高幅度不同，其中增强效果最好的水镁石纤维类型为 A、B、O。因此，综合 7d 抗压强度与 28d 抗压强度可以看出，A 类水镁石纤维无论是对水泥砂浆 7d 抗压强度还是 28d 抗压强度，均有较好的增强效果，与纯水泥砂浆的抗压强度相

比分别提高了 16.6%和 12.4%。

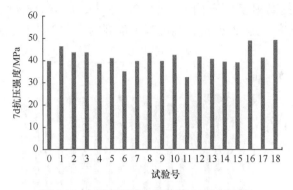

图 2-3　水镁石纤维水泥砂浆 7d 抗压强度

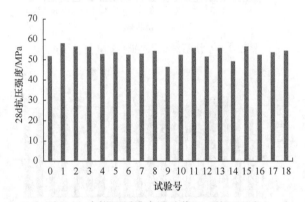

图 2-4　水镁石纤维水泥砂浆 28d 抗压强度

### 2.1.2　水镁石纤维用量的影响

图 2-5 为水镁石纤维用量与抗折强度的关系，说明了水泥砂浆 7d 抗折强度与 28d 抗折强度随着加入水镁石纤维用量的不同而发生变化。从图 2-5 中可以看出，加入水镁石纤维质量为水泥质量的 2.4%～5.6%，水镁石纤维水泥砂浆的 7d 抗折强度和 28d 抗折强度均是先随着水镁石纤维用量的增加而增加。当水镁石纤维质量达到水泥质量的 4.0%时(水镁石纤维膏质量占水泥质量的 10%)，水泥砂浆的 7d 抗折强度和 28d 抗折强度均达到最大值。与没有加入纤维的水泥砂浆相比，7d 抗折强度提高了 15.4%，28d 抗折强度提高了 19.3%。随着水镁石纤维用量的继续增加，水泥砂浆 7d 抗折强度与 28d 抗折强度反而呈下降趋势。

图 2-6 为水镁石纤维用量与抗压强度的关系。由图 2-6 看出，水镁石纤维水泥砂浆不同龄期的抗压强度是随着水镁石纤维用量的增多先升高后降低的。当水镁石纤维的质量为水泥质量的 4.0%时(水镁石纤维膏质量占水泥质量的 10%)，7d 抗压强度与 28d 抗压强度均达到最大值。与没有加入纤维的水泥砂浆相比，

7d 抗压强度提高了 15.6%，28d 抗压强度提高了 9.3%。

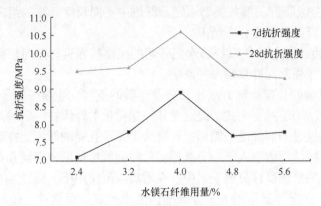

图 2-5 水镁石纤维用量与抗折强度的关系

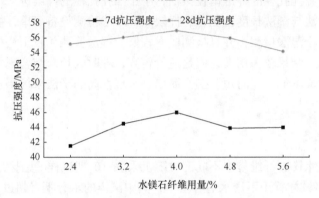

图 2-6 水镁石纤维用量与抗压强度的关系

### 2.1.3 水镁石纤维长度的影响

砂浆流动度对砂浆的施工难易有一定的影响。砂浆中加水太多就变稀，砂浆太稀抹涂时易流淌；砂浆中加水过少就变稠，砂浆太稠抹涂时不易抹平。

通过对表 2-1 中的水镁石纤维水泥砂浆的流动度数据进行分析得出，加入水镁石纤维的水泥砂浆流动度平均在 1.5cm 左右，没有加入水镁石纤维的水泥砂浆流动度为 3.5cm。进行比较发现，加入水镁石纤维后水泥砂浆的稠度有所增加，这主要是因为水镁石纤维具有一定的吸水性能。在试验中发现，这种稠度的增加并不影响水泥砂浆的施工工艺和使用性能。

长度分布是水镁石纤维一个很重要的物理指标。天然水镁石纤维在生产加工过程中受到生产加工工艺的影响，同一类型的水镁石纤维单根纤维的长度并不完全相等，而是分布在某一范围内。长度指标是水泥砂浆中水镁石纤维的重要指标，本小节重点研究水镁石纤维的长度分布对水泥砂浆强度的影响，试验的主要

目的如下:

(1) 通过分级筛分了解各类型水镁石纤维中不同长度纤维的组成比例,得到各类型水镁石纤维的长度分布情况。

(2) 将长度指标与水镁石纤维水泥砂浆的强度指标进行对照研究,分析水镁石纤维长度对增强水泥砂浆强度的影响。

目前,纤维的长度检测方法按照分散介质的不同,主要分为干式分级法(干法)与湿式分级法(湿法)。干式分级法是让一定质量的纤维在一定时间内通过平摇筛机的振动来经过不同细度的筛网,长度大于筛孔孔径的纤维留在该筛网上,长度小于筛孔孔径的纤维进入下一分级槽,最终使纤维按照各筛网孔径分级。湿式分级法将一定的纤维试样分散于水中,在附加水流作用下,流经装有不同孔径筛板的分级槽;在搅拌器作用下,分级槽内的水形成旋涡运动,使纤维呈悬浮状态,长度大于筛孔孔径的纤维留在该槽,小于筛孔孔径的纤维进入下一分级槽,完成分级。干法与湿法长度检测各有优缺点:干法检测设备简单,操作方便,检测时间大大短于湿法检测,并且检测成本较低;湿法检测相较干法检测去掉了粉尘的影响因素,结果较为精准,但是造价较高,耗时较长。结合现场施工情况,本次试验选用成本低、耗时短、操作简单且重现性高的干法来检测水镁石纤维的长度分布。

### 1. 试样制备

取样:从水镁石纤维袋中不同部位随机采取 10 把试样(每把约 250g),总重 2.5kg,马上将试样置于不透水的容器中,其中试样的水分不得超过 3%。

调样和混样:将上述试样撒在光滑干净的平面上,用手柔和地搓动,使纤维块破碎,结团分散,将试样调节均匀,使其彻底均匀混合。

试验样品的采取:将经过调理和混合的试样撒在光滑而干净的平面上,以得到厚度为 25~35mm 的平堆样。

将 2.5kg 的试样四等分,将两份四分之一试样置于一边备用。余下的 1.25kg 用堆锥法或来回翻动的方法重新混合,再将其均匀撒开,厚度 15~25mm,然后采用四分法缩分试样,两份四分之一试样作为长度筛分的检验样品。

余下的试样用堆锥法或来回翻动的方法重新混合,再将其撒在光滑而干净的平面上,以形成厚度为 5~10mm 的平堆样。

通过在随机选定的堆样位置上捏取试样,选出长度筛分的试验样品,直至获得试样只需最小调整便可达到所要的质量 250g。进行捏取时,注意每次捏取都应包括捏取点从顶至底的试样,包括可能离析到底部的砂粒或细粉。

2. 筛分时间的确定

筛分时间是水镁石纤维长度分布测定的主要参数之一。过度筛分可以确保筛分完全，但也可能造成纤维磨损，细粒量增加，还有可能造成少量的飞扬损失。筛分时间不足，水镁石纤维分级没有结束，使测量结果出现偏差。因此，确定筛分时间非常重要。

选用 A 类水镁石纤维，将制备好的试样分别筛分 3min、6min、9min，确定合理的筛分时间，表 2-2 是不同筛分时间的试验结果。由表 2-2 可以看出，最佳筛分时间应为 6min。当筛分时间为 3min 时，从 1.4mm 筛网上剩余的水镁石质量可以得出，3min 水镁石纤维的筛分并不完全。当筛分时间为 9min 时，与 6min 所得数据相差并不大。因此，考虑生产实际应用及检测成本，确定水镁石纤维筛分的最佳时间为 6min。

**表 2-2　不同筛分时间的试验结果**

| 序号 | 时间/min | 1.4mm 筛余质量/g | 0.4mm 筛余质量/g | 筛底质量/g |
|------|----------|------------------|------------------|------------|
| 1 | 3 | 100 | 100 | 30 |
| 2 | 6 | 85 | 125 | 40 |
| 3 | 9 | 85 | 120 | 45 |

3. 试验步骤

(1) 试样经充分混匀，置于密闭的干燥容器中待测定。

(2) 用天平准确称取 250g 水镁石纤维。盖上振筛机侧盖，扭紧手轮，将试样从振筛机的进料口小心倒在顶层筛网上，开机运转 6min，停机，静置 2min。

(3) 用毛刷仔细刷净各粒级试验筛及底盘上的试样，分别称重，并做好记录。

(4) 分析结果：按式(2-1)计算各粒级的质量分数 $W_i$，表达式为

$$W_i = \frac{m_i}{m_0} \times 100\% \tag{2-1}$$

式中，$W_i$——各粒级的质量分数，%；

　　　$m_i$——各粒级质量，g；

　　　$m_0$——试料质量，g。

4. 试验结果及分析

将水镁石纤维的长度分布与水泥砂浆的强度进行对照，研究水镁石纤维的长度分布对水泥砂浆强度的影响。这 18 类水镁石纤维 1.4mm 筛余质量分数分布在

23.8%～58.0%，将其划分为三个区间，1.4mm 筛余质量分数分别为 23.8%～35.0%、35.0%～47.0%和 47.0%～58.0%。将水镁石纤维的 1.4mm 筛余质量分数与 7d、28d 的抗折强度、抗压强度进行对照，计算出各区间水镁石纤维抗折强度、抗压强度的平均值，结果见表 2-3。

表 2-3　水镁石纤维 1.4mm 筛余质量分数与强度对照表

| 筛余质量分数区间 | 纤维种类 | 1.4mm筛余质量分数 | 抗折强度/MPa | | | | 抗压强度/MPa | | | |
| --- | --- | --- | --- | --- | --- | --- | --- | --- | --- | --- |
| | | | 7d | 7d均值 | 28d | 28d均值 | 7d | 7d均值 | 28d | 28d均值 |
| 23.8%～35.0% | A | 34.0% | 9.0 | 8.5 | 10.5 | 9.6 | 46.4 | 41.4 | 58.1 | 54.9 |
| | B | 34.8% | 8.8 | | 9.9 | | 43.6 | | 56.5 | |
| | C | 24.5% | 8.8 | | 9.8 | | 43.6 | | 56.3 | |
| | D | 29.2% | 8.3 | | 9.2 | | 38.5 | | 52.7 | |
| | E | 24.4% | 8.0 | | 9.0 | | 41.0 | | 53.5 | |
| | F | 23.8% | 8.0 | | 8.9 | | 35.3 | | 52.4 | |
| 35.0%～47.0% | H | 40.0% | 8.1 | 8.5 | 9.2 | 9.0 | 43.3 | 39.8 | 54.2 | 52.8 |
| | I | 38.0% | 8.5 | | 8.6 | | 39.8 | | 46.4 | |
| | J | 40.4% | 8.7 | | 9.1 | | 42.5 | | 52.3 | |
| | K | 36.7% | 8.8 | | 8.9 | | 32.4 | | 55.7 | |
| | L | 40.0% | 8.4 | | 9.0 | | 41.7 | | 51.5 | |
| | O | 42.9% | 8.5 | | 9.4 | | 39.1 | | 56.5 | |
| 47.0%～58.0% | G | 48.0% | 8.2 | 8.3 | 9.5 | 9.0 | 39.7 | 43.2 | 52.8 | 53.0 |
| | M | 58.0% | 8.5 | | 9.5 | | 40.7 | | 55.7 | |
| | N | 55.1% | 8.6 | | 8.9 | | 39.5 | | 49.2 | |
| | P | 49.4% | 8.4 | | 8.7 | | 49.0 | | 52.4 | |
| | Q | 46.4% | 7.4 | | 8.2 | | 41.3 | | 53.6 | |
| | R | 46.0% | 8.6 | | 9.7 | | 49.2 | | 54.4 | |

图 2-7 是水镁石纤维 1.4mm 筛余质量分数与水泥砂浆平均抗折强度的关系。从图 2-7 中可以看出，1.4mm 筛余质量分数为 23.8%～35.0%与 35.0%～47.0%的水镁石纤维水泥砂浆 7d 平均抗折强度较高，1.4mm 筛余质量分数为 47.0%～58.0%的水镁石纤维水泥砂浆 7d 平均抗折强度较低。1.4mm 筛余质量分数为 23.8%～35.0%的水镁石纤维水泥砂浆 28d 平均抗折强度最高，1.4mm 筛余质量分数为 35.0%～47.0%和 47.0%～58.0%的水镁石纤维水泥砂浆 28d 平均抗折强度相同。

图 2-8 是水镁石纤维 1.4mm 筛余质量分数与水泥砂浆平均抗压强度的关系。从图 2-8 中可以看出，1.4mm 筛余质量分数为 47.0%～58.0%的水镁石纤维

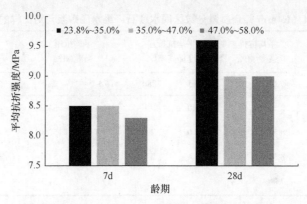

图 2-7　水镁石纤维 1.4mm 筛余质量分数与水泥砂浆平均抗折强度的关系

水泥砂浆 7d 平均抗压强度是最高的，1.4mm 筛余质量分数为 35%～47%的水镁石纤维水泥砂浆 7d 平均抗压强度是最低的。对于 28d 平均抗压强度，1.4mm 筛余质量分数为 23.8%～35.0%的水镁石纤维水泥砂浆最高，1.4mm 筛余质量分数为 35.0%～47.0%和 47.0%～58.0%的水镁石纤维水泥砂浆相差不多，35.0%～47.0%的水镁石纤维水泥砂浆 28d 平均抗压强度最低。

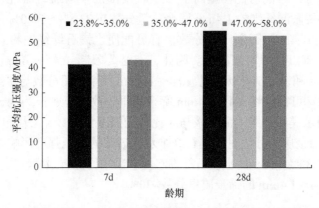

图 2-8　水镁石纤维 1.4mm 筛余质量分数与水泥砂浆平均抗压强度的关系

表 2-4 是各 1.4mm 筛余质量分数区间水镁石纤维水泥砂浆与对比样的强度。从表 2-4 可以看出，与没有加入水镁石纤维的对比样相比，加入水镁石纤维的水泥砂浆 7d 平均抗折强度和 28d 平均抗折强度都有所提高，其中 1.4mm 筛余质量分数在 35.0%～47.0%的水镁石纤维水泥砂浆与对比样相比，7d 平均抗折强度提高 9.0%。1.4mm 筛余质量分数较大的水镁石纤维对提高水泥砂浆的 28d 平均抗折强度并不显著，1.4mm 筛余质量分数在 23.8%～35.0%的水镁石纤维水泥砂浆 28d 平均抗折强度比对比样提高 9.1%。

表 2-4　1.4mm 筛余质量分数区间水镁石纤维水泥砂浆与对比样的强度

| 1.4mm 筛余质量分数区间 | 平均抗折强度/MPa | | 平均抗折强度提高率/% | | 平均抗压强度/MPa | | 平均抗压强度提高率/% | |
|---|---|---|---|---|---|---|---|---|
| | 7d | 28d | 7d | 28d | 7d | 28d | 7d | 28d |
| 23.8%~35.0% | 8.5 | 9.6 | 9.0 | 9.1 | 41.4 | 54.9 | 4.0 | 6.2 |
| 35.0%~47.0% | 8.5 | 9.0 | 9.0 | 2.3 | 39.8 | 52.8 | 0 | 2.1 |
| 47.0%~58.0% | 8.3 | 9.0 | 6.4 | 2.3 | 43.2 | 53.0 | 8.5 | 2.5 |
| 对比样 | 7.8 | 8.8 | — | — | 39.8 | 51.7 | — | — |

对于 7d 平均抗压强度，1.4mm 筛余质量分数在 35.0%~47.0%的水镁石纤维基本没起到增强作用，1.4mm 筛余质量分数在 47.0%~58.0%的水镁石纤维对水泥砂浆 7d 平均抗压强度提高效果最显著，相对对比样提高了 8.5%。对于 28d 平均抗压强度，含有较多长纤维的水镁石纤维对水泥砂浆的提高效果并不明显，而长纤维含量少的 1.4mm 筛余质量分数在 23.8%~35.0%的水镁石纤维提高效果显著，相对没有加纤维的对比样提高了 6.2%。因此，为保证纤维能发挥提高强度的效果，有必要限制纤维的 1.4mm 筛余质量分数在 23.8%~35.0%。

单纯限制 1.4mm 筛余质量分数，有可能使水镁石纤维中粉尘过多而有效短纤维过少，难以发挥增强作用。因此，有必要限制 0.4~1.4mm 筛余质量分数。对比表 2-4 和表 2-5 可以发现，0.4~1.4mm 筛余质量分数与水泥砂浆的抗折强度间也有规律可循。将 0.4~1.4mm 筛余质量分数进行划分，0.4~1.4mm 筛余质量分数区间水镁石纤维水泥砂浆与对比样的强度见表 2-5。从表中可以看出，0.4~1.4mm 筛余质量分数对水镁石纤维水泥砂浆的抗压强度影响差异不大。筛余质量分数在 30%~55%的水镁石纤维水泥砂浆平均抗折强度较高。因此，限定水镁石纤维 0.4~1.4mm 的筛余质量分数≥30%。

表 2-5　0.4~1.4mm 筛余质量分数区间水镁石纤维水泥砂浆与对比样的强度

| 0.4~1.4mm 筛余质量分数区间 | 平均抗折强度/MPa | | 平均抗折强度提高率/% | | 平均抗压强度/MPa | | 平均抗压强度提高率/% | |
|---|---|---|---|---|---|---|---|---|
| | 7d | 28d | 7d | 28d | 7d | 28d | 7d | 28d |
| 1%~30% | 8.3 | 9.0 | 6.4 | 2.3 | 41.5 | 53.4 | 4.3 | 3.3 |
| 30%~55% | 8.6 | 9.4 | 10.3 | 6.8 | 41.4 | 53.8 | 4.0 | 4.1 |
| 对比样 | 7.8 | 8.8 | — | — | 39.8 | 51.7 | — | — |

从试验分析得出，水镁石纤维的 1.4mm 筛余质量分数>35%，对水泥砂浆的 28d 抗折强度、28d 抗压强度提高效果并不显著。即纤维过长对水泥砂浆的增强

效果并不显著，甚至会没有增强作用。这主要是由于水镁石纤维过长，容易在制作过程中缠结、打结，在进行分散工艺时，长纤维难以搅拌和分散，最终很难将长纤维束劈分为纳米级别的单根纤维。

图 2-9 是长水镁石纤维水泥砂浆的 SEM 照片。在扫描电子显微镜(scanning electron microscope，SEM)下观察，长纤维以一整束的形态存在于水泥砂浆中[图 2-9(a)]。由于长的纤维在水泥砂浆中无法以纳米级别的单根纤维均匀分布，形成网状分布，很难阻止水泥砂浆中微裂纹成长，因此自然也无法起到增强作用，如图 2-9(b)所示。

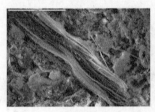

(a) 整束的形态　　　　　　　　(b) 网状分布

图 2-9　长水镁石纤维水泥砂浆 SEM 照片

## 2.2　水镁石纤维湿容积对水泥砂浆强度的影响

本节主要研究矿物纤维的湿容积与水泥基材料强度之间的关系。这一研究有利于通过湿容积的简单检测方法来判断水镁石纤维对水泥基复合材料的增强效果。

### 2.2.1　水镁石纤维湿容积与水泥砂浆抗折强度的关系

1. 试验设计

分别测试 6 个编号水镁石纤维的湿容积，研究水泥砂浆强度与水镁石纤维湿容积的关系。试验方案及试验数据见表 2-6。

表 2-6　试验方案及试验数据

| 试验序号 | 水镁石纤维类型 | 湿容积/mL |
|---|---|---|
| 1 | A | 190 |
| 2 | B | 160 |
| 3 | C | 150 |
| 4 | D | 120 |
| 5 | E | 100 |
| 6 | F | 90 |

2. 试验结果

图 2-10 为水镁石纤维湿容积与水泥砂浆抗折强度的关系。由图 2-10 可以看出，水镁石纤维水泥砂浆的 7d 抗折强度与 28d 抗折强度均与水镁石纤维的湿容积有一定的关联。湿容积数值越大，水镁石纤维水泥砂浆抗折强度就越高，湿容积最大的 A 类水镁石纤维水泥砂浆的抗折强度提高幅度最大。

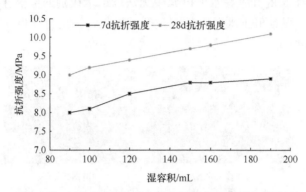

图 2-10　水镁石纤维湿容积与水泥砂浆抗折强度的关系

### 2.2.2　水镁石纤维湿容积与水泥砂浆抗压强度的关系

图 2-11 为水镁石纤维湿容积与水泥砂浆抗压强度的关系。由图 2-11 可以看出，水镁石纤维的湿容积与水泥砂浆抗压强度的关系并不像与抗折强度的关系那么十分明显，但是从总体趋势来看，水镁石纤维水泥砂浆的抗压强度依旧是随着湿容积的增大而提高。抗压强度最高的仍然是湿容积最大的 A 类水镁石纤维水泥砂浆。

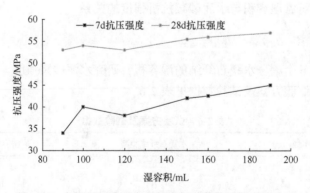

图 2-11　水镁石纤维湿容积与水泥砂浆抗压强度的关系

### 2.2.3　水镁石纤维湿容积与水泥砂浆强度的相关性检验

表 2-7 是水镁石纤维湿容积与水泥砂浆强度之间的相关性。在置信概率为

99.9%、99%及 95%的情况下，二者间线性相关性的检验结果见表 2-7。

**表 2-7　水镁石纤维湿容积与水泥砂浆强度之间的相关性**

| 指标 | 抗折强度 | | 抗压强度 | |
|---|---|---|---|---|
| | 7d | 28d | 7d | 28d |
| 相关系数 | 0.978 | 0.994 | 0.906 | 0.954 |
| 线性相关性 | 极其显著 | 极其显著 | 显著 | 高度显著 |

注：相关系数临界值 $R_{0.05}(4)$ 为 0.8114，$R_{0.01}(4)$ 为 0.9172，$R_{0.001}(4)$ 为 0.9741。

从表 2-7 可以看出，水镁石纤维湿容积与水泥砂浆抗折强度之间的线性相关性极其显著。水镁石纤维湿容积与水泥砂浆抗压强度之间也是线性相关的，其中与 7d 抗压强度的线性相关性是显著的，与 28d 抗压强度是线性相关性是高度显著的。因此，以湿容积作为水镁石纤维的物理性质评价指标，可以较为准确地反映用于增强水泥基复合材料的水镁石纤维优劣性，尤其是在以抗折强度为评价指标的道路水泥混凝土中作为增强材料。

## 2.3　水镁石纤维叩解度对水泥砂浆强度的影响

叩解度即纸的打浆度，反映浆料经磨浆机后，纤维被切断、分裂、润胀、和水化等磨浆作用的效果，符号为°SR。

在一般情况下，纸的叩解度越高，纸浆的滤水速度越慢，叩解度仪器就是根据这一特点设计的。

将浓度为 0.2%的 1000mL 纤维悬浮液倒入滤水室中，由于仪器内铜网的过滤作用，纤维留在网上，水被排除，水通过下面直管与斜管流入量筒中。若浆料叩解度高，则排水速度慢，注入直管下量筒中的水就较多，反之流入直管中的水就少。规定以直管下流出的水量表示叩解度，每流出 10mL 水为 1°SR。

同理，大胆设想是否可以运用叩解度来表示天然水镁石纤维的分散程度。给定体积的水镁石纤维悬浮液，在滤网上形成水镁石纤维层滤水，滤液流入备有底孔和斜管的漏斗，水镁石纤维留在铜网上，水通过下面的直管与斜管流入量筒中。若天然水镁石纤维分散均匀，则排水速度慢，注入直管下量筒中的水就较多，叩解度也就较大，反之流入直管中的水就少，叩解度低。若能证实水镁石纤维悬浮液的叩解度大小能准确地反映出水镁石纤维分散程度，那么也能根据水镁石纤维的叩解度来间接判断水镁石纤维水泥砂浆强度的高低。水镁石纤维的叩解度越大，代表纤维分散得越好，分散程度越好的水镁石纤维对水泥砂浆的增强效果越显著。这对实际施工中筛选何种水镁石纤维对其水泥砂浆的增强效果显著，能达到施工要求，具有很重要的现实意义。根据叩解度这一原理设计本节试验，来研究天然水镁石纤维自身叩解度与水泥砂浆强度之间是否存在联系。

### 2.3.1 水镁石纤维叩解度对水泥砂浆抗折强度的影响

1. 操作步骤

(1) 检查仪器安置是否正确：检查铜网，如有锈斑、破损或不平整，应立即更换。检查合格后滤水室连接铜网放入水中，将铜网浸湿。

(2) 将滤水室放在分离室上，用绳轮手柄转动绳轮，使密封锥体进入滤水室至被锁紧装置扣住。

(3) 测定备料筒中试样的温度并记录。

(4) 充分搅拌试样，使纤维均匀地分散于水中，立即小心地注入滤水室中。

(5) 按动锁紧装置手柄，密封锥体自动抬起，水流入两量筒中。

(6) 当斜管流出口不流水时，由测量量筒读出叩解度数值。

(7) 取出滤水室，并将铜网上的浆料去除干净。

(8) 倒空测量量筒，冲洗干净密封锥体及分离室。

若继续测定，则自步骤(3)顺序进行。

2. 试验结果

根据试验步骤，各类型水镁石纤维悬浮液测量两次，如果两次试验的叩解度偏差不超过±5%，则试验结果可用。取两次可用试验结果的平均值，作为叩解度试验最终结果。若超过最大允许偏差，则用新试样重新进行试验。为了证实水镁石纤维自身叩解度与水泥砂浆强度的联系，将试验最终得出的各类水镁石纤维叩解度与水泥砂浆的强度进行对照，见表 2-8。

**表 2-8　水镁石纤维叩解度与水泥砂浆强度对照表**

| 试验序号 | 水镁石纤维类型 | 叩解度/°SR | 7d 抗折强度/MPa | 28d 抗折强度/MPa | 7d 抗压强度/MPa | 28d 抗压强度/MPa |
|---|---|---|---|---|---|---|
| 1 | N | 9.0 | 8.6 | 8.9 | 39.5 | 49.2 |
| 2 | M | 10.0 | 8.5 | 8.9 | 40.7 | 55.7 |
| 3 | O | 11.5 | 8.5 | 9.4 | 39.1 | 56.5 |
| 4 | P | 11.5 | 8.4 | 8.7 | 49.0 | 52.4 |
| 5 | Q | 12.5 | 7.4 | 8.2 | 41.3 | 53.6 |
| 6 | R | 14.0 | 8.6 | 9.7 | 49.2 | 54.4 |
| 7 | F | 15.0 | 8.6 | 8.9 | 35.3 | 52.4 |
| 8 | J | 35.0 | 8.7 | 9.1 | 42.5 | 52.3 |
| 9 | I | 37.0 | 8.5 | 8.6 | 39.8 | 46.4 |

续表

| 试验<br>序号 | 水镁石<br>纤维类型 | 叩解<br>度/°SR | 7d 抗折强<br>度/MPa | 28d 抗折强<br>度/MPa | 7d 抗压强<br>度/MPa | 28d 抗压强<br>度/MPa |
| --- | --- | --- | --- | --- | --- | --- |
| 10 | A | 38.0 | 9.0 | 10.5 | 46.4 | 58.1 |
| 11 | K | 39.5 | 8.8 | 8.9 | 32.4 | 55.7 |
| 12 | G | 40.5 | 8.2 | 9.5 | 39.7 | 52.8 |
| 13 | H | 40.5 | 8.1 | 9.2 | 43.3 | 54.2 |
| 14 | L | 41.0 | 8.4 | 9.0 | 41.7 | 51.5 |

#### 3. 试验分析及讨论

图 2-12 为水镁石纤维叩解度与水泥砂浆抗折强度的关系，叩解度大的水镁石纤维其对应的水泥砂浆 7d 抗折强度与 28d 抗折强度并不一定高，叩解度小的水镁石纤维其对应的水泥砂浆 7d 抗折强度与 28d 抗折强度也并不一定小。从曲线总体来看，水镁石纤维的叩解度与水泥砂浆的 7d 抗折强度和 28d 抗折强度并没有形成规则的曲线，而是呈现出无规则的曲线样式。同时，出现了具有相同叩解度的两种水镁石纤维水泥砂浆抗折强度不相同的情况。例如，G 类水镁石纤维与 H 类水镁石纤维叩解度同为 40.5°SR，但是其 7d 抗折强度分别为 8.2MPa 与 8.1MPa，28d 抗折强度分别为 9.5MPa 与 9.2MPa；叩解度同为 11.5°SR 的 O 类与 P 类水镁石纤维，水泥砂浆的 7d 抗折强度相差 0.1MPa，28d 抗折强度更是相差 0.7MPa。可见，水镁石纤维的叩解度与水泥砂浆的抗折强度之间并没有关联，不能通过比较水镁石纤维的叩解度大小来判断水泥砂浆的抗折强度高低。

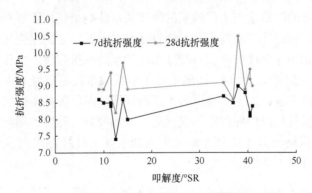

图 2-12　水镁石纤维叩解度与水泥砂浆抗折强度的关系

### 2.3.2　水镁石纤维叩解度对水泥砂浆抗压强度的影响

图 2-13 为水镁石纤维叩解度与水泥砂浆抗压强度的关系，与图 2-12 中抗折

强度相同，水镁石纤维的叩解度与水泥砂浆 7d 抗压强度和 28d 抗压强度的关系曲线同样呈现出无规则性。叩解度为 38.0°SR 的 A 类水镁石纤维，其 28d 抗折强度与 28d 抗压强度在所有类型水镁石纤维中均为最高的，远远高于叩解度最大的 L 类水镁石纤维。叩解度同为 40.5°SR 的 G 类与 H 类水镁石纤维，其 7d 抗压强度与 28d 抗压强度却不相同，分别相差 3.6MPa 与 1.4MPa。O 类水镁石纤维与 P 类水镁石纤维的叩解度同为 11.5°SR，其 7d 抗压强度前者比后者低 9.9MPa，28d 抗压强度前者比后者高 4.1MPa。可见，无论是水镁石纤维水泥砂浆的抗折强度还是抗压强度，并不是像设想的那样叩解度越大的水镁石纤维对水泥砂浆的增强效果越显著。

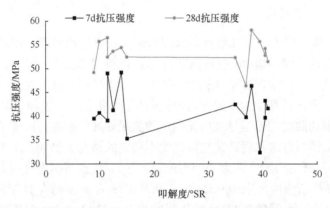

图 2-13　水镁石纤维叩解度与水泥砂浆抗压强度的关系

### 2.3.3　水镁石纤维叩解度与水泥砂浆强度无关性原因分析

水镁石纤维的叩解度与水泥砂浆的强度关系曲线呈现出无规则性，试验结果并不是像预先设想的叩解度越大的水镁石纤维对水泥砂浆的增强效果越显著。试验中还出现了相同叩解度的水镁石纤维水泥砂浆的抗折强度、抗压强度均不同，甚至最大相差 9.9MPa。因此，叩解度并不能反映水镁石纤维对水泥砂浆的增强效果。在试验中发现，这主要是因为水镁石纤维的叩解度并不能完全代表自身的分散程度。水镁石纤维的叩解度不仅仅受纤维本身分散程度的影响，还受诸多因素综合影响，最终导致不能用叩解度来判断水镁石纤维在水泥砂浆中的增强效果，主要原因有以下几点。

1. 微细纤维与粉尘的影响

天然的水镁石纤维在选矿过程中要经过一系列破碎、松解、筛分等作业工艺，才能被选别出来。试验选用的水镁石纤维，受生产工艺影响，在水镁石纤维中掺杂有大量的微细纤维。这些纤维的长度一般小于 400μm，在水泥砂浆中犹如粉尘,毫无增强作用。试验中叩解度仪器上的铜网孔径为 187.5μm,这部分微细纤维无法通过铜网,最终留在铜网上阻止了水流通过。滤水速度自然较慢,注入直管下量筒中的水较多,纤维叩解度偏大,从而影响了对水镁石纤维自身分散程度的判断。因此,叩解度不能作为一个衡量水镁石纤维对水泥砂浆增强效果的指标。

### 2. 试验误差

透射电镜测定的水镁石纤维直径一般为 0.54～0.86μm,试验中所用叩解度仪器中的铜网孔径为 187.5μm。因此,水镁石纤维的直径远远小于叩解度仪器上铜网的孔径。试验中大量水镁石纤维很容易顺着水流竖着钻过铜网,无法停留在铜网上阻止水流通过,造成试验数据失效。这点可以通过在量筒内发现大量残留水镁石纤维证实。

另外,在试验过程中,受试验仪器限制,取样只取 2g 水镁石纤维,很难全面反应水镁石纤维的整体情况,造成试验数据失真。

## 2.4　基于质量指标优化的水镁石纤维混凝土性能验证

### 1. 水镁石纤维膏的制作

水镁石纤维膏由 F 型复合外加剂、水镁石纤维及水预先拌制而成,具体制作成分配合比及工艺与前文相同。

### 2. 混凝土配合比设计

试验设计混凝土的坍落度为 10～50mm,根据《公路水泥混凝土路面施工技术细则》(JTG/T F30—2014)、《公路工程水泥及水泥混凝土试验规程》(JTG 3420—2020)中的要求,设计混凝土的配合比。进行三组试验,三组试验中除了水的用量各不相同外,其他原材料及其用量均相同。单位体积混凝土原材料用量见表 2-9。

表 2-9　单位体积混凝土原材料用量

| 试样 | 水泥用量/kg | 水用量/kg | 砂用量/kg | 1#石用量/kg | 2#石用量/kg | 3#石用量/kg | 纤维膏用量/kg |
|------|-----------|----------|----------|------------|------------|------------|-------------|
| 1# | 360 | 142 | 727 | 593 | 474.4 | 118.6 | 36 |
| 2# | 360 | 128 | 727 | 593 | 474.4 | 118.6 | 36 |
| 3# | 360 | 119 | 727 | 593 | 474.4 | 118.6 | 36 |

3. 混凝土拌和、成型、养护及测试

(1) 采用强制式混凝土搅拌机搅拌混凝土，每盘用料 35L；

(2) 搅拌前进行少量原料试拌；

(3) 投料顺序与拌和时间：砂+石+水泥+纤维膏→投入搅拌机→加水拌和 2.5min→出料；

(4) 混凝土拌和物拌和后，立即测定其坍落度，并浇注模具，振动成型标准要求试件，在标准情况下进行养护，至规定龄期进行力学性质测试。

4. 混凝土力学性能与水灰比的关系

将各试样的水灰比与 28d 抗弯拉强度对应，二者关系如图 2-14 所示。可以看出，三组试样加入符合要求的水镁石纤维后，混凝土的抗弯拉强度均都高于标准要求的 5.0MPa，最低的 1#试样 28d 抗弯拉强度也达到了 8.6MPa。随着水灰比的增大，水镁石纤维混凝土的 28d 抗弯拉强度呈下降趋势，且开始下降趋势较大，随后下降趋势趋于平缓。水灰比为 0.390 的 3#试样 28d 抗弯拉强度最高，达到 9.89MPa。

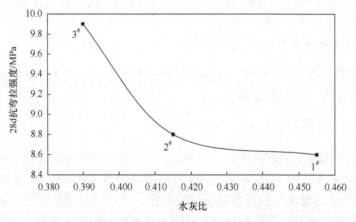

图 2-14　水镁石纤维混凝土水灰比与抗弯拉强度的关系

选取 28d 抗弯拉强度较高的 3#试样和 2#试样，分析抗弯拉强度随时间的增长规律，根据试验数据绘制图 2-15。

从图 2-15 中可以看出，水灰比为 0.390 的 3#试样和水灰比为 0.415 的 2#试样在 7d 的抗弯拉强度增长速率基本相同，且 2#试样略高于 3#试样。28d 时，从图 2-15 可以很明显地看出 3#试样的后期抗弯拉强度增长速率高于 2#试样。因此，总体上来说，水灰比为 0.390 的 3#水镁石纤维混凝土试样强度增长速率较大。

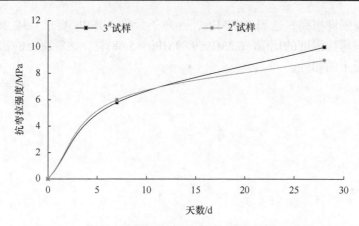

图 2-15　水镁石纤维混凝土抗弯拉强度随时间的增长规律

5. 水镁石纤维混凝土工作性能分析

水镁石纤维混凝土各试样的工作性能见表 2-10。从表中分析得出，混凝土拌和物的保坍性均较好，黏聚性和保水性也较好。1#和 2#试样的流动性过大，不利于施工，3#试样流动性适合于施工。因此，优选 3#试样配合比为施工基准配合比。表 2-11 为优选配合比及混凝土性能试验结果。

表 2-10　水镁石纤维混凝土各试样工作性能

| 试样 | 初始坍落度/mm | 30min 坍落度/mm | 黏聚性 | 保水性 | 评价 |
|---|---|---|---|---|---|
| 1# | 170 | 150 | 好 | 好 | 流动性过大 |
| 2# | 180 | 180 | 好 | 好 | 流动性过大 |
| 3# | 35 | 10 | 好 | 好 | 合适，优选 |

表 2-11　水镁石纤维混凝土优选配合比及混凝土性能试验结果

| 优选配合比 | | | | 混凝土性能试验结果 | | | | | | | |
|---|---|---|---|---|---|---|---|---|---|---|---|
| 水泥用量/kg | 水灰比 | 砂率 | 水镁石纤维膏用量/kg | 7d抗弯拉强度/MPa | 28d抗弯拉强度/MPa | 7d抗压强度/MPa | 28d抗压强度/MPa | 坍落度/mm | 保坍性 | 黏聚性 | 保水性 |
| 360 | 0.390 | 0.38 | 36 | 6.14 | 9.89 | 50.3 | 56.2 | 10～35 | 好 | 好 | 好 |

注：表中水镁石纤维膏用量及水泥用量均为1m³混凝土的用量。

可以看出，按照要求加入 1.4mm 筛余质量分数 23.8%～35.0%、0.4～1.4mm 筛余质量分数≥30%、湿容积≥190mL 的水镁石纤维，混凝土工作性能满足要求，抗弯拉强度很高，达到 9.89MPa，远高于标准(5.0MPa)要求。从 28d 抗压强度和 28d 抗弯拉强度的比值(56.2MPa/9.89MPa≈5.68)看，该混凝土的韧性好，优于一般混凝土的韧性。

# 第3章　水镁石纤维在混凝土中的分散技术及施工工艺参数

水镁石纤维可以有效提高混凝土的抗拉强度和韧性。天然水镁石纤维是由更细小的单纤维组成的纤维束，为使其在水泥混凝土中更好地起到增强增韧作用，需要在加入水泥混凝土之前对其进行劈分，使水镁石纤维束松解成单根纤维，同时还要解决单根纤维在混凝土中的均匀分散问题和纤维混凝土的施工工艺问题[129,130]。根据之前的研究结果，水镁石纤维只有在大量水中通过较长时间搅拌形成悬浮液，才能得到有效劈分。将这种悬浮液直接应用于水泥混凝土或水泥砂浆工程，会影响混凝土的水灰比，且用水量少时不能很好松解纤维。

鉴于此，本章系统研究水镁石纤维在混凝土工程中的分散技术及施工工艺参数，通过材料制备工艺、力学性能测试、材料显微结构分析等手段，进行纤维悬浮液的改进、纤维膏的制备、纤维砂浆及混凝土的应用性能分析，提出水镁石纤维松解工艺，确定水镁石纤维砂浆及混凝土制备、施工的最佳工艺流程和参数，以及施工中要注意的问题。

## 3.1　水镁石纤维悬浮液改进研究

### 3.1.1　外加剂对纤维悬浮液分散性的影响

1. 试验原材料

水镁石纤维产地为陕西省宁强县大安镇，主要成分为 $Mg(OH)_2$，呈灰白色短纤维状。水镁石纤维筛析结果见表 3-1。在前期研究的基础上，确定本小节试验使用的外加剂，见表 3-2。

表 3-1　水镁石纤维筛析结果

| 筛孔直径纤维等级名称 | 1.4mm 筛余质量分数/% | 0.4mm 筛余质量分数/% | 筛底质量分数/% |
| --- | --- | --- | --- |
| X | 12 | 35 | 53 |

**表 3-2　试验所用外加剂**

| 外加剂种类 | 掺量(占水泥质量百分比)/% | 生产厂家 |
|---|---|---|
| 萘系高效减水剂 | 0～0.8 | 山西某化学建材厂 |
| 处理剂 K | 0～1.0 | 咸阳某建材厂 |
| 木质磺酸钙 | 0～0.2 | 西安某混凝土外加剂厂 |
| 处理剂 J | 0～1.0 | 西安某化学试剂厂 |
| 处理剂 N | 0～1.0 | 西安某化学试剂厂 |

注：水采用实验室自来水。

2. 试验仪器

(1) 电子天平：型号为 TD2002，精度为 0.01g。

(2) 台秤：量程为 50g～20kg，精度为 1g。

(3) 量筒：量程为 10～200mL，精度为 1mL。

(4) 精密增力电动搅拌器：型号为 JJ-1，调速范围为 50～3000r/min。

(5) 偏反光显微镜。

3. 试验方法

根据前期研究结果，确定试验中各原料水：水镁石纤维：外加剂(质量比)为 6：1：0.2。其中，外加剂为处理剂 J、处理剂 N、处理剂 K 和减水剂按不同比例搭配而成，减水剂为萘系高效减水剂和木质磺酸钙按 4：1 混合而成。试验中水镁石纤维悬浮液中外加剂的种类和用量见表 3-3。

**表 3-3　水镁石纤维悬浮液中外加剂的种类和用量**

| 序号 | 处理剂 J 用量/g | 处理剂 N 用量/g | 处理剂 K 用量/g | 减水剂用量/g |
|---|---|---|---|---|
| A0 | 0 | 0 | 0 | 0 |
| A1 | 2.0 | 0 | 0 | 0 |
| A2 | 0 | 2.0 | 0 | 0 |
| A3 | 0 | 0 | 2.0 | 0 |
| A4 | 0 | 0 | 0 | 2.0 |
| A5 | 1.5 | 0.5 | 0 | 0 |
| A6 | 1.5 | 0 | 0.5 | 0 |
| A7 | 1.5 | 0 | 0 | 0.5 |
| A8 | 0.5 | 1.5 | 0 | 0 |
| A9 | 0 | 1.5 | 0.5 | 0 |
| A10 | 0 | 1.5 | 0 | 0.5 |
| A11 | 0.5 | 0 | 1.5 | 0 |
| A12 | 0 | 0.5 | 1.5 | 0 |

续表

| 序号 | 处理剂 J 用量/g | 处理剂 N 用量/g | 处理剂 K 用量/g | 减水剂用量/g |
|------|------|------|------|------|
| A13 | 0 | 0 | 1.5 | 0.5 |
| A14 | 0.5 | 0 | 0 | 1.5 |
| A15 | 0 | 0.5 | 0 | 1.5 |
| A16 | 0 | 0 | 0.5 | 1.5 |
| A17 | 1.0 | 0.5 | 0.5 | 0 |
| A18 | 1.0 | 0.5 | 0 | 0.5 |
| A19 | 1.0 | 0 | 0.5 | 0.5 |
| A20 | 0.5 | 1.0 | 0.5 | 0 |
| A21 | 0.5 | 1.0 | 0 | 0.5 |
| A22 | 0 | 1.0 | 0.5 | 0.5 |
| A23 | 0.5 | 0.5 | 1.0 | 0 |
| A24 | 0.5 | 0 | 1.0 | 0.5 |
| A25 | 0 | 0.5 | 1.0 | 0.5 |
| A26 | 0.5 | 0.5 | 0 | 1.0 |
| A27 | 0.5 | 0 | 0.5 | 1.0 |
| A28 | 0 | 0.5 | 0.5 | 1.0 |
| A29 | 0.5 | 0.5 | 0.5 | 0 |
| A30 | 1.0 | 1.0 | 0 | 0 |
| A31 | 1.0 | 0 | 1.0 | 0 |
| A32 | 1.0 | 0 | 0 | 1.0 |
| A33 | 0 | 1.0 | 1.0 | 0 |
| A34 | 0 | 1.0 | 0 | 1.0 |
| A35 | 0 | 0 | 1.0 | 1.0 |

注：水用量为 60g，水镁石纤维用量为 10g，外加剂用量为 2g，搅拌时间为 10min。

　　将纤维、外加剂、水按上述配合比在叶轮式打浆机中以 200r/min 的速度搅拌 10min，得到水镁石纤维悬浮液，再进行显微镜观察，放大倍数为 162 倍。

　　4. 结果与讨论

　　图 3-1 是不同外加剂种类的水镁石纤维悬浮液显微照片。图 3-1(a)和(b)分别是本试验应用的水镁石纤维和未加外加剂的水镁石纤维水悬浮液(A0)显微照片，可以看出，未加外加剂的悬浮液中水镁石纤维集束被包覆在絮状物中[图 3-1(a)]。当加入处理剂 J 时[图 3-1(c)]，絮状物明显减少，但纤维集束仍然存在，纤维没有被劈分开。这说明只应用处理剂 J 是不能劈分水镁石纤维集束的，处理剂 J 的润湿作用可以降低纤维表面部分非架桥羟基数量，从而使絮状物减少。

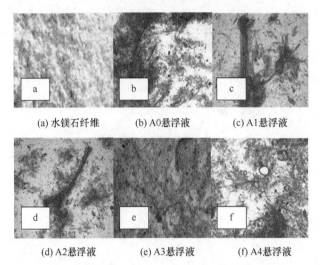

(a) 水镁石纤维　　　　(b) A0悬浮液　　　　(c) A1悬浮液

(d) A2悬浮液　　　　(e) A3悬浮液　　　　(f) A4悬浮液

图 3-1　不同外加剂种类的水镁石纤维悬浮液显微照片

从图 3-1(d)~(f)可以看出,悬浮液中出现部分单纤维,表明处理剂 N[图 3-1(d)]、处理剂 K[图 3-1(e)]和减水剂[图 3-1(f)]对水镁石纤维有一定的分散作用,从效果上看,减水剂和处理剂 K 的作用比处理剂 N 的作用大。图 3-1(d)中絮状物比较明显,纤维集束比图 3-1(c)中细小。说明处理剂 N 直接作用于纤维集束,破坏了水镁石单根纤维之间的氢键弱结合力,纤维周围固体颗粒的团聚未充分分散。在图 3-1(e)、(f)中,纤维集束虽然得到部分劈分,但是絮状物没有完全分散开,在应用到水泥混凝土中时,其分散均匀性势必会下降。

图 3-2 是两种外加剂不同用量时的水镁石纤维悬浮液显微照片。从图 3-2 中可以看出,在水镁石纤维中应用两种外加剂时,当任何一种外加剂的用量大于减水剂的用量,水镁石纤维的分散均不理想。当处理剂 J 过多时,纤维在溶液中仍呈团聚状[图 3-2(a)];当处理剂 N 过多时,纤维仍以纤维束存在,但在溶液中分散比较均匀[图 3-2(b)];当以处理剂 K 为主要外加剂时,纤维束几乎没有被劈分开,仍然以原形态存在[图 3-2(c)]。只有当以减水剂为主要外加剂时,纤维束劈分效果比较明显,而且在溶液中分散均匀[图 3-2(d)]。

图 3-3 是两种外加剂相同用量时的水镁石纤维悬浮液显微照片。照片表明,处理剂 N 与减水剂搭配,对纤维分散有最佳效果[图 3-3(c)],而处理剂 N 与处理剂 K 搭配是分散效果最差的[图 3-3(b)]。

图 3-4 是三种外加剂不同用量时的水镁石纤维悬浮液显微照片。可以看出,以减水剂的用量为主时,分散效果较好[图 3-4(d)]。当处理剂 K 的用量过高时,虽然有部分纤维得到劈分,但是悬浮液中还有大量纤维集束,且纤维呈团聚状[图 3-4(c)]。当处理剂 N 用量过高时,只有少量纤维状水镁石,大部分为颗粒状

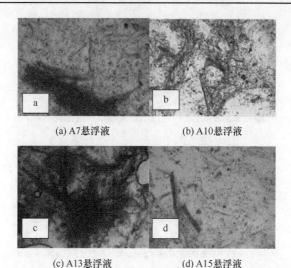

(a) A7悬浮液　　　　　　　　(b) A10悬浮液

(c) A13悬浮液　　　　　　　　(d) A15悬浮液

图 3-2　两种外加剂不同用量时的水镁石纤维悬浮液显微照片

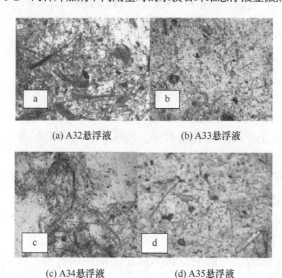

(a) A32悬浮液　　　　　　　　(b) A33悬浮液

(c) A34悬浮液　　　　　　　　(d) A35悬浮液

图 3-3　两种外加剂相同用量时的水镁石纤维悬浮液显微照片

[图 3-4(b)]。当处理剂 J 高于处理剂 N 和减水剂的用量时，纤维分散程度不高 [图 3-4(a)]。

　　总之，在水镁石纤维水溶液中用处理剂 J、处理剂 N、处理剂 K 和减水剂进行纤维分散时，应以减水剂为主。当以处理剂 N 为主时，溶液中会出现大量颗粒状水镁石。当处理剂 J 和处理剂 K 的用量过高时，纤维分散程度不高，溶液中絮状物也较多。

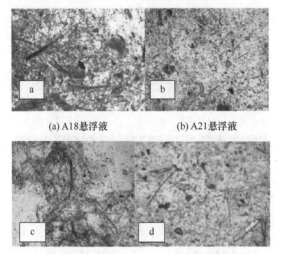

(a) A18悬浮液       (b) A21悬浮液

(c) A25悬浮液       (d) A27悬浮液

图 3-4　三种外加剂不同用量时的水镁石纤维悬浮液显微照片

### 3.1.2　掺不同外加剂纤维悬浮液对水泥砂浆性能的影响

1. 试验原料

1) 胶凝材料——水泥

水泥类型：P·O 42.5 普通硅酸盐水泥。

检验结果：符合《通用硅酸盐水泥》(GB 175—2007)要求。

2) 细集料——砂

取砂地点：西安灞河。

砂的种类：中砂。

检验结果：符合《建设用砂》(GB/T 14684—2022)中Ⅱ类要求。

3) 水镁石纤维悬浮液

在 3.1.1 小节试验的基础上，将不同比例搭配的外加剂按制备方法制备水镁石纤维悬浮液。

2. 试验仪器

JJ-5 型水泥胶砂搅拌机，水泥标准养护箱，压力试验机，电动抗折试验机，电子探针及扫描电子显微镜，成型三联模(规格 40mm×40mm×160mm)，量筒，铁铲等。

3. 纤维悬浮液配比

以 3.1.1 小节中水镁石纤维悬浮液的最佳外加剂种类和用量为基础，进一步搭配外加剂种类和用量，得到配比，见表 3-4。

**表 3-4　外加剂配比表**

| 样号 | 减水剂用量/g | 处理剂 J 用量/g | 处理剂 N 用量/g | 处理剂 K 用量/g |
|------|------------|---------------|---------------|---------------|
| B1 | 1.6 | 0.2 | 1.2 | 1.0 |
| B2 | 1.6 | 0.4 | 1.2 | 0.8 |
| B3 | 1.6 | 0.6 | 1.2 | 0.6 |
| B4 | 1.6 | 0.8 | 1.2 | 0.4 |
| B5 | 1.6 | 1.0 | 1.2 | 0.2 |
| B6 | 1.6 | 0.2 | 0.8 | 1.4 |
| B7 | 1.6 | 0.4 | 0.8 | 1.2 |
| B8 | 1.6 | 0.6 | 0.8 | 1.0 |
| B9 | 1.6 | 0.8 | 0.8 | 0.8 |
| B10 | 1.6 | 1.0 | 0.8 | 0.6 |
| B11 | 1.6 | 1.2 | 0.8 | 0.4 |
| B12 | 1.6 | 1.4 | 0.8 | 0.2 |
| B13 | 1.6 | 1.0 | 0.4 | 1.0 |
| B14 | 1.6 | 1.2 | 0.4 | 0.8 |
| B15 | 1.6 | 1.4 | 0.4 | 0.6 |
| B16 | 1.6 | 1.6 | 0.4 | 0.4 |
| B17 | 2.0 | 0.2 | 1.2 | 0.6 |
| B18 | 2.0 | 0.4 | 1.2 | 0.4 |
| B19 | 2.0 | 0.6 | 1.2 | 0.2 |
| B20 | 2.0 | 0.2 | 0.8 | 1.0 |
| B21 | 2.0 | 0.4 | 0.8 | 0.8 |
| B22 | 2.0 | 0.6 | 0.8 | 0.6 |
| B23 | 2.0 | 0.8 | 0.8 | 0.4 |
| B24 | 2.0 | 1.0 | 0.8 | 0.5 |
| B25 | 2.0 | 0.6 | 0.4 | 1.0 |
| B26 | 2.0 | 0.8 | 0.4 | 0.8 |
| B27 | 2.0 | 1.0 | 0.4 | 0.6 |
| B28 | 2.0 | 1.2 | 0.4 | 0.4 |
| B29 | 2.0 | 1.4 | 0.4 | 0.2 |
| B30 | 2.4 | 0.2 | 1.2 | 0.2 |
| B31 | 2.4 | 0.2 | 0.8 | 0.6 |
| B32 | 2.4 | 0.4 | 0.8 | 0.4 |
| B33 | 2.4 | 0.6 | 0.8 | 0.2 |
| B34 | 2.4 | 0.2 | 0.4 | 1.0 |

续表

| 样号 | 减水剂用量/g | 处理剂 J 用量/g | 处理剂 N 用量/g | 处理剂 K 用量/g |
|------|------------|---------------|---------------|---------------|
| B35 | 2.4 | 0.4 | 0.4 | 0.8 |
| B36 | 2.4 | 0.6 | 0.4 | 0.6 |
| B37 | 2.4 | 0.8 | 0.4 | 0.4 |
| B38 | 2.4 | 1.0 | 0.4 | 0.2 |
| B39 | 4.0 | 0 | 0 | 0 |
| B40 | 0 | 0 | 0 | 0 |

注：B1～B38 是四种原料的正交试验，B39 是采用纯减水剂的试验，B40 是无外加剂的试验。

### 4. 试验方案

根据悬浮液制备方法及表 3-4 中的配比，制备水镁石纤维悬浮液，倒入胶砂搅拌机中，加入砂和水泥制备成水镁石纤维砂浆，浇注到 40mm×40mm×160mm 成型三联模内成型，在 20℃±2℃、相对湿度大于 60%的环境下放置 24h±0.5h，然后对试样进行编号、拆模。试样拆模后置于水泥标准恒温恒湿养护箱中，在标准养护条件(24℃±0.5℃、相对湿度大于 90%)下养护到规定龄期，再对试样进行抗折强度、抗压强度测定。试验中纤维砂浆的配合比(质量比)为水∶灰∶砂∶纤维∶外加剂 = 0.46∶1∶2.5∶0.03∶(0～0.01)=184∶400∶1000∶12∶(0～4)。强度测定参照《水泥胶砂强度检验方法(ISO 法)》(GB/T 17671—2021)进行，对纤维砂浆 1d、3d 和 28d 的抗折强度和抗压强度试验结果进行数据统计与归纳分析。在此基础上，选择代表性试件进行砂浆断面电子显微镜观察和电子探针分析。根据试样的宏观力学性能变化及断面显微结构分析，讨论纤维在砂浆中的分散情况。

### 5. 外加剂对纤维砂浆强度的影响

1) 减水剂用量对纤维砂浆强度的影响

图 3-5 和图 3-6 分别是减水剂用量对纤维砂浆抗折强度和抗压强度的影响。由图 3-5 和图 3-6 可以看出，减水剂用量对纤维砂浆抗压强度和抗折强度的影响具有类似的变化规律。

在减水剂用量小于 1.5g 时，纤维砂浆 1d 和 3d 的强度随减水剂用量增加而增加，28d 的抗折强度及抗压强度均变化不大。说明减水剂用量在小于 1.5g 时，对初期强度有一定的影响，但对纤维砂浆的长期强度影响不大。

　　当减水剂用量大于 2.5g 时，纤维砂浆 1d 和 3d 的强度有所下降，28d 强度呈现增加趋势。说明减水剂用量增加，能提高砂浆的长期强度，最高值出现在减水剂用量为水泥用量的 1%(4g)左右。

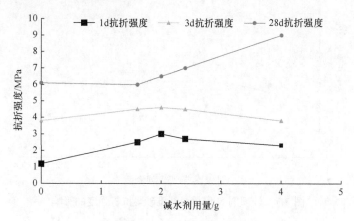

图 3-5　减水剂用量对纤维砂浆抗折强度的影响

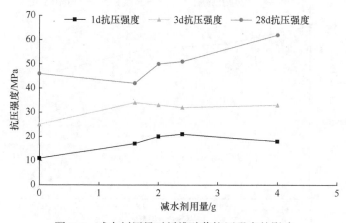

图 3-6　减水剂用量对纤维砂浆抗压强度的影响

　　2) 处理剂 N 用量对纤维砂浆强度的影响

　　图 3-7 和图 3-8 分别是处理剂 N 用量对纤维砂浆抗折强度和抗压强度的影响。可以看出，处理剂 N 用量对纤维砂浆的抗折强度和抗压强度具有类似的影响规律，对初期强度和 28d 强度的影响则呈现不同的变化规律。处理剂 N 用量对 1d 和 3d 的抗折强度和抗压强度影响不明显，随处理剂 N 用量的增加，纤维砂浆 28d 抗折强度和抗压强度均呈现下降态势。这说明处理剂 N 的用量不宜过大。

　　3) 处理剂 J 用量对纤维砂浆强度的影响

　　图 3-9 和图 3-10 分别是处理剂 J 用量对纤维砂浆抗折强度和抗压强度的影

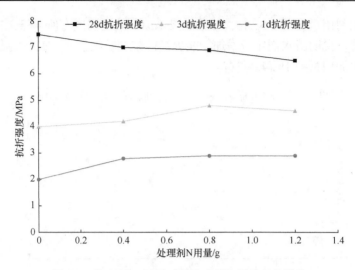

图 3-7　处理剂 N 用量对纤维砂浆抗折强度的影响

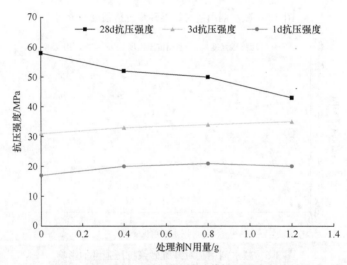

图 3-8　处理剂 N 用量对纤维砂浆抗压强度的影响

响。可以看出处理剂 J 用量对纤维砂浆强度有一定的影响。无处理剂 J 时，早期强度最低而 28d 强度最高，随处理剂 J 用量的增大，早期强度上升，而 28d 强度下降，抗折强度变化不大。抗压强度在处理剂 J 用量大于 1.0g 以后下降。因此，处理剂 J 的用量不宜太大。

4) 处理剂 K 用量对纤维砂浆强度的影响

图 3-11 和图 3-12 分别是处理剂 K 用量对纤维砂浆抗折强度和抗压强度的影响。由图可知，处理剂 K 用量对纤维砂浆 28d 抗折强度影响不显著，只是在无处理剂 K 时，强度较高，随后则变化不大。

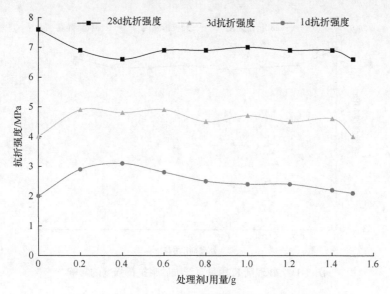

图 3-9　处理剂 J 用量对纤维砂浆抗折强度的影响

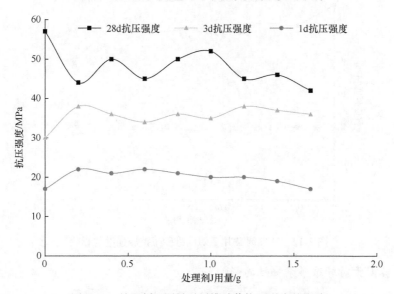

图 3-10　处理剂 J 用量对纤维砂浆抗压强度的影响

处理剂 K 用量与纤维砂浆 28d 抗压强度的关系呈现三个台阶状。在处理剂 K 用量为 0 时，强度最高；用量为 0.2～1.2g 时，抗压强度维持在一个平台，变化不大；当处理剂 K 用量超过 1.2g 后，抗压强度随处理剂用量增加而降低。因此，就抗压强度而言，处理剂 K 用量不应太多。

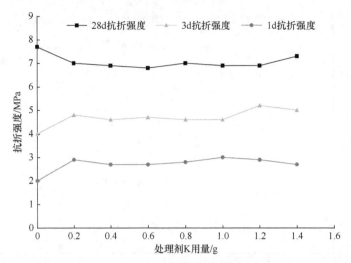

图 3-11　处理剂 K 用量对纤维砂浆抗折强度的影响

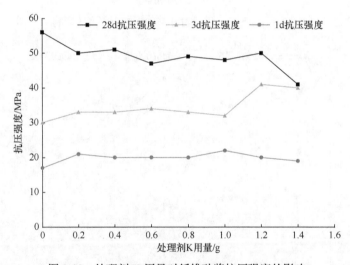

图 3-12　处理剂 K 用量对纤维砂浆抗压强度的影响

**6. 各因素对纤维砂浆韧性的影响**

尽管从砂浆的强度分析中可以发现影响纤维砂浆强度的因素主次关系，但仍不能确定纤维砂浆强度的提高是各因素的作用，还是纤维的作用。可以设想，如果纤维劈分好且分散均匀，则对纤维砂浆的增韧作用应该较好，纤维砂浆抗压强度与抗折强度的比值应该较小。因此，有必要分析各因素对纤维砂浆抗压强度与抗折强度比值(压折比)的影响。

1) 减水剂用量对纤维砂浆韧性的影响

图 3-13 是减水剂用量与纤维砂浆压折比的关系。从图 3-13 可以看出，随减

水剂用量的增加,纤维砂浆的压折比呈现曲线形式变化。减水剂用量较少时,纤维砂浆的压折比较大。说明当减水剂很少时,纤维不能很好地劈分,因而增韧作用很小。从图 3-13 还发现,当减水剂用量过多时,纤维砂浆的压折比也较大。可能是因为减水剂虽能使纤维得到松解,有利于纤维砂浆抗折强度提高,但减水剂用量增多也会使纤维砂浆的密实性提高,从而使纤维砂浆的抗压强度提高,这一点在图 3-5 和图 3-6 中已经得到证实。图 3-13 中,当减水剂用量在 1.6g 左右时,纤维砂浆的压折比出现最小值,说明这时的减水剂用量最有利于纤维增韧作用的发挥。

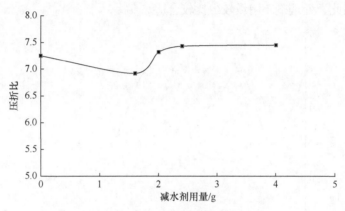

图 3-13　减水剂用量与纤维砂浆压折比的关系

2) 处理剂 N 用量对纤维砂浆韧性的影响

图 3-14 是处理剂 N 用量与纤维砂浆压折比的关系。从图可知,处理剂 N 用

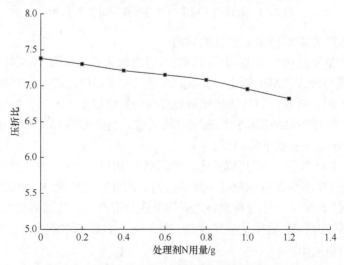

图 3-14　处理剂 N 用量与纤维砂浆 28d 压折比的关系

量与纤维砂浆压折比呈近直线关系。随处理剂 N 用量增加，纤维砂浆的压折比单调下降。对照图 3-7 和图 3-8，说明处理剂 N 用量增加后，纤维砂浆的抗压强度下降较多而抗折强度下降较少。虽然处理剂 N 的存在有利于纤维的松解，但处理剂 N 用量不能太多。

3) 处理剂 J 用量对纤维砂浆韧性的影响

图 3-15 是处理剂 J 用量与纤维砂浆压折比的关系。从图 3-15 可以看出，处理剂 J 用量与纤维砂浆压折比之间的关系呈现复杂的曲线形式。对照图 3-9 及图 3-10 可以发现，处理剂 J 用量较多时，纤维砂浆压折比下降是抗压强度下降引起的。因此，处理剂 J 用量较少比较合适。

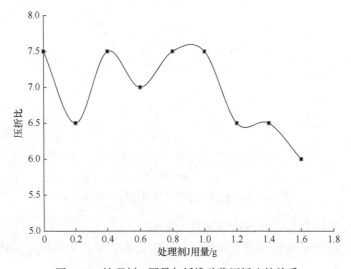

图 3-15　处理剂 J 用量与纤维砂浆压折比的关系

4) 处理剂 K 对纤维砂浆韧性的影响

图 3-16 是处理剂 K 用量与纤维砂浆压折比的关系。从图 3-16 可以发现，处理剂 K 用量与纤维砂浆压折比的关系曲线呈现先平后降的趋势。当处理剂 K 用量小于 1.2g 时，纤维砂浆的压折比随处理剂用量增加变化不大，处理剂 K 用量为 0.2g 时，纤维砂浆的压折比出现相对较低值。当处理剂 K 用量大于 1.2g 后，砂浆的压折比呈现直线下降趋势。

对照图 3-11 和图 3-12 可以看出，处理剂 K 用量过多时，纤维砂浆的压折比下降是抗折强度不变而抗压强度下降引起的。因此，处理剂 K 的用量也不能太多。根据纤维砂浆压折比与各原料之间的关系分析得知，外加剂中处理剂 J、处理剂 N 及处理剂 K 的用量应该少些，外加剂应该以减水剂为主。这一结论与3.1.1 小节的结论相同。

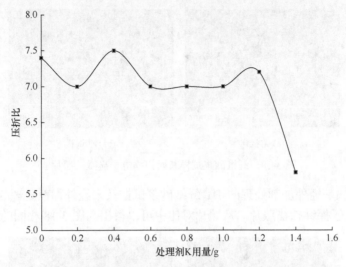

图 3-16　处理剂 K 用量与纤维砂浆压折比的关系

### 7. 外加剂处理的纤维砂浆试样分析

选择经过外加剂处理的 B1 纤维砂浆试样和未经外加剂处理的 B40 纤维砂浆试样进行显微结构分析。图 3-17 是纤维砂浆试样断面光学照片。

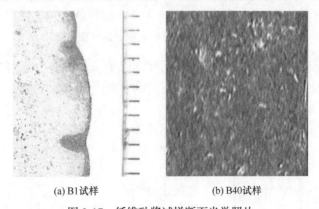

(a) B1试样　　　　　　　　(b) B40试样

图 3-17　纤维砂浆试样断面光学照片

从图 3-17 可以看出，经过外加剂处理的 B1 纤维砂浆试样断面均匀，肉眼看不到纤维的存在，而未经外加剂处理的 B40 纤维砂浆试样可以明显看到纤维的不均匀存在(图中的白点即是纤维)。

图 3-18 是 B1 和 B40 纤维砂浆试样断面扫描电子显微镜照片。从图 3-18 可知，经外加剂处理的 B1 纤维砂浆试样中纤维很细，呈均匀分布状态，而未经外加剂处理的 B40 纤维砂浆试样中，纤维仍呈很粗的束状存在，且分布不匀。

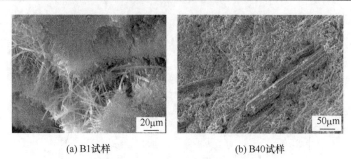

(a) B1试样　　　　　　　　　　(b) B40试样

图 3-18　纤维砂浆试样断面扫描电子显微镜照片

　　图 3-19 是经外加剂处理的 B1 纤维砂浆试样及未经外加剂处理的 B40 纤维砂浆试样电子探针扫描照片。从照片对比中可以得出与图 3-18 相同的结论。

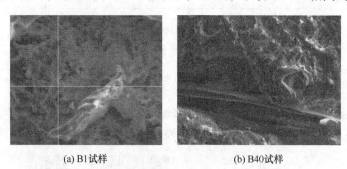

(a) B1试样　　　　　　　　　　(b) B40试样

图 3-19　纤维砂浆试样断面电子探针扫描照片

　　图 3-20 是不同纤维砂浆试样的压折比。除了 B1 和 B40 试样之外，还列出了 B39 试样(经单纯减水剂处理的纤维砂浆试样)的压折比。

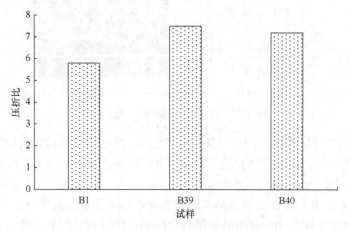

图 3-20　不同纤维砂浆试样的压折比

从图 3-20 可知，纤维经过复合外加剂处理后应用于 B1 试样，较未经外加剂处理的 B40 试样及仅经单纯减水剂处理的 B39 试样，韧性有了较大提高，较未经外加剂处理的 B40 试样压折比降低约 21.6%，较仅经单纯减水剂处理的 B39 试样压折比降低约 23.7%。

根据纤维悬浮液改进、纤维砂浆制备及性能测试的结果，可以得到如下结论。

(1) 在复合外加剂的水溶液中进行纤维劈分，可以在纤维悬浮液用水量较少的情况下实现纤维的有效劈分。应用复合外加剂使用水量从原来悬浮液法纤维量的 20 倍左右大幅度减少为现在的 6 倍左右。将这种纤维悬浮液用于纤维砂浆，有利于纤维在砂浆中的均匀分散。

(2) 经复合外加剂处理后的纤维砂浆，与单纯减水剂劈分纤维的纤维砂浆及未经外加剂处理的纤维砂浆相比，韧性明显提高，试样的压折比分别降低 23.7% 和 21.6%。

(3) 复合外加剂应以减水剂为主，其他外加剂为辅，才具有较好的纤维劈分和砂浆增韧效果。

## 3.2　水镁石纤维膏制备技术研究

3.1 节的试验结果使纤维以悬浮液形式应用成为可能。这种纤维悬浮液是一种黏稠的液体，对于地理位置偏远的道路修筑地点，将这种悬浮液应用于混凝土工程中，存在悬浮液储存、运输不方便等问题，且混凝土拌和时需要添置专用存料、上料、计量设备等。为此，本节力图找到一种用水量更少、更方便的纤维劈分和应用方式，以便道路混凝土工程施工及发挥纤维作用。

进一步减少用水量，水与纤维、外加剂形成的体系将不再是悬浮液，而是一种黏度更大的体系——纤维膏。原有主要依靠水流冲刷作用进行纤维松解劈分的原理将不再适用。另外，原来的叶轮式打浆机也无法应用于这种稠料体系，必须使用动力更大的强制式机械搅拌设备。

当采用强制式机械搅拌设备时，在稠料体系的物料间会形成纤维与纤维、纤维与机械的强力摩擦和剪切作用。在混凝土的制备过程中，砂石等集料的强制运动也会对纤维产生强烈的摩擦和剪切作用。这样的作用力作用在纤维上，肯定要比仅靠水流冲刷的作用力强烈。利用这样的作用力，有可能实现纤维的高效劈分，但也可能会使纤维破碎变短，从而影响其增强作用的发挥。为此，有必要研究合适的物料配比和工艺参数，以达到既保护纤维不受大的损伤，又能高效松解纤维且能使纤维在混凝土中均匀分散的目的。由于纤维膏中已含有外加剂，因此还应考虑纤维膏应用对混凝土工作性能及力学性能的影响。

本节探讨了在极少量水的情况下，以纤维膏的形式在混凝土中应用纤维的技术问题。研究表明，在不影响混凝土工作性能及力学性能的基础上，通过复合外加剂的浸渗作用和机械力的搓擦作用，可以实现纤维劈分和纤维在混凝土中的均匀分散。

### 3.2.1　纤维膏松解效果评价

1. 试验原料

1) 外加剂

在 3.1 节研究的基础上，通过适当调整原料种类及用量，得到 8 种试验用原料复合外加剂 A、B、C、D、E、F、H 和 W。另外，选用常用的萘系减水剂作为对比试验用外加剂。各外加剂的实测减水率为 15%~17%。

2) 纤维

仍采用 X 级水镁石纤维为试验原料。采用上海某金属制品有限公司生产的钢纤维为对比纤维，钢纤维的主要性能见表 3-5。

表 3-5　钢纤维的主要性能

| 纤维种类 | 纤维型号 | 材质 | 执行标准 | 抗拉强度/MPa | 纤维长度/mm | 纤维宽度/mm | 纤维外形 |
|---|---|---|---|---|---|---|---|
| 钢锭铣削型钢纤维 | AMI04-33-600 | BXYA2004-248 St 53-3 | YB/T 151—2017 | >700 | 2.0±1.0 | 2.6±1.2 | 外弧面光滑，内弧面粗糙 |

3) 水泥

采用 SX 牌 P·O 52.5 普通硅酸盐水泥，水泥的物理力学性能见表 3-6。

表 3-6　水泥的物理力学性能

| 品牌 | 抗弯拉强度/MPa | | 抗压强度/MPa | |
|---|---|---|---|---|
| | 3d | 28d | 3d | 28d |
| SX | 5~6 | 1~8 | 4~30 | 3~56 |

4) 粗集料

试验用的碎石产地为陕西泾阳，表观密度为 2750kg/m³，含泥量为 0.2%，碎石级配见表 3-7，符合《建设用卵石、碎石》(GB/T 14685—2022)中 Ⅱ 类要求。

### 表 3-7　碎石级配表

| 筛孔尺寸/mm | 标准颗粒级配累计筛余/% | 实际累计筛余/% |
|---|---|---|
| 37.50 | 0 | 0 |
| 31.50 | 0 | 0 |
| 26.50 | 0 | 0 |
| 19.00 | 1～10 | 4 |
| 16.00 | — | 31 |
| 9.50 | 40～80 | 76 |
| 4.75 | 90～100 | 94 |
| 2.36 | 95～100 | 100 |

2. 试验设备

砂浆搅拌机：型号 UJZ-15，容量 10L，全自动控制，使用 UJZ-15B 砂浆搅拌机程控器。

强制式搅拌机：最大容量 50L，最大内径 78cm，搅拌筒叶与筒底间隙 3～5mm，搅拌筒深度 33cm，电动机功率 3kW，搅拌粒直径 3～5cm，重 400kg。

振动台：6611 型电动振实台，振动面尺寸 1m²，电动机功率 3kW，振动频率 50Hz，空载振幅约为 0.5mm。

成型试模，进行抗压试验(100mm×100mm×100mm)和抗折试验(l50mm×150mm×500mm)。

坍落度测定仪器：坍落度筒。

抗压强度测定仪器：YE-2000 型压力试验机，精度等级 2 级。

采用 LM-02 智能数据采集仪，可直接打印数据。

抗弯拉强度测定仪器：WYA-300 型电液式抗折试验机。

其他测试用具：磅秤、台秤、天平、直尺、捣棒、铁锹等。

显微镜：日本产电子扫描电子显微镜。

3. 试验方法

1) 纤维膏制作

纤维+复合外加剂+水→加入砂浆搅拌机→搅拌 10min→静置 24h→备用。

试验中纤维膏的用量按混凝土中水泥用量的 10%计。

纤维用量按水泥用量的 4%计算，复合外加剂用量为水泥用量的 1.1%，纤维膏的其余量为水，约为纤维量的 1.225 倍。

2) 混凝土制作

全部原料计量→放入强制式搅拌机→搅拌 2.5min→放料入模具→振动成型→养护→测试。

3) 纤维松解及分散情况分析

通过扫描电镜观察纤维膏及混凝土断面，确定纤维劈分和分散情况。

4) 混凝土性能测试

按《公路工程水泥及水泥混凝土试验规程》(JTG 3420—2020)进行。

4. 试验结果及分析讨论

1) 纤维膏的松解

图 3-21 是原纤维及搅拌成膏后的 SEM 照片。从图 3-21 可知，仅经过短短 10min 的强制搅拌，原纤维已经由原来单根的紧密柱状变为有一定开松度的纤维束，说明强制机械搅拌对纤维的松解作用是十分明显的。还可发现，纤维束中主要是纤维柱表面上的纤维得到一定程度开松，柱芯的纤维还处于紧密结合状态。

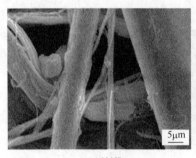

(a) 原纤维　　　　　　　　　　　　　(b) 纤维膏

图 3-21　原纤维及搅拌成膏后的 SEM 照片

若进一步强化机械剪切作用，如延长搅拌时间、提高搅拌转速等，无疑会使纤维得到进一步开松。搅拌时纤维和水、外加剂才开始接触，水及外加剂浸渗范围有限，可能不会很快渗透至纤维柱芯，使纤维间的结合力得到瓦解，因而其松解作用受到限制，这种机械剪切作用的加强会进一步加剧纤维的破损和断裂。为此，采用静置浸渗的方法对纤维进行进一步处理。

2) 纤维膏静置处理后的效果

图 3-22 是纤维膏密闭静置 24h 后纤维的 SEM 照片。从图 3-22 可以看出，纤维膏经过简单的静置，纤维间的界限已经可以从照片中分辨出来，说明静置有利于外加剂对纤维柱芯部进行渗透和降低纤维间的结合力，对纤维的开松有利。此时，纤维并没有得到充分开松，需要进一步处理。考虑到混凝土搅拌时砂石的

摩擦和剪切作用，将纤维膏直接应用于混凝土配制中。

图 3-22　纤维膏密闭静置 24h 后纤维的 SEM 照片

3) 纤维膏用于混凝土搅拌后的纤维劈分和分散作用

按照普通混凝土的配制方法，将砂、石、纤维膏、水和水泥直接放入强制式混凝土搅拌机中搅拌 2.5min，放料，注模，振动成型，养护 28d 后破坏，分别用肉眼和电镜观察混凝土断面，以了解纤维的松解和在混凝土中分散情况。

图 3-23 是纤维混凝土断面照片。由图可知，从混凝土断面上根本无法用肉眼分辨出纤维的存在，说明纤维已被劈分得很细且均匀分散其中。

图 3-23　纤维混凝土断面照片

图 3-24 是纤维混凝土断面的 SEM 照片。图 3-24(a)是纤维膏放置 24h 后的混凝土断面 SEM 照片。可以看出，经外加剂浸渗放置后的纤维劈分效果最好，纤维得到较好劈分且在混凝土中呈现均匀分布状态，有利于纤维增韧作用的发挥。图 3-24(b)是制备纤维膏后未静置立即搅拌的混凝土断面 SEM 照片。由图可

知，外加剂未浸渗放置的纤维直接应用于混凝土效果不佳，混凝土断面中已经看不到多根束状纤维柱，而是呈现单根纤维柱，纤维柱虽比原纤维的劈分效果好些，但仍以束状形式存在于混凝土中，纤维发挥的作用有限。图 3-24(c)是水镁石纤维原纤维直接应用的混凝土断面 SEM 照片。可以看出，原纤维混凝土中纤维的松解效果很差，纤维基本上是以多根纤维的束状纤维柱形式存在于混凝土中，纤维的作用没能得到有效发挥。

(a) 放置24h

(b) 未静置

(c) 原纤维直接应用

图 3-24　纤维混凝土断面的 SEM 照片

对其他复合外加剂也进行了显微结构分析，发现纤维都得到较好松解，且在混凝土中分散较好，很难从显微照片中确定其松解和分散效果的差异。为此，进行混凝土物理性能的对比分析。

### 3.2.2　外加剂对纤维膏松解效果的影响

表 3-8 是几种不同外加剂混凝土的性能对比。从表 3-8 可知，与加复合 B 相比，加复合 A 的混凝土流动性高，28d 压折比也高，脆性较大。加复合 B 的混凝土抗折强度较高，28d 压折比稍低，韧性较好。

**表 3-8　不同外加剂(复合 B、复合 A、萘系减水剂)混凝土性能对比**

| 外加剂 | 坍落度/mm | 抗折强度/MPa | | 抗压强度/MPa | | 28d 压折比 |
|---|---|---|---|---|---|---|
| | | 7d | 28d | 7d | 28d | |
| 复合 B | 40 | 6.7 | 7.5 | 53.3 | 60.5 | 8.06667 |
| 复合 A | 140 | 6.0 | 6.9 | 46.4 | 56.3 | 8.15942 |
| 萘系减水剂 | 0 | 4.7 | 5.1 | 39.8 | 46.5 | 9.11765 |

注：水泥用量为 485kg/m³，水灰比为 0.34，砂率为 0.35。

与传统的萘系减水剂相比，两种复合外加剂具有明显优势，混凝土流动性好，抗折强度高，韧性好。

表 3-9 是水泥用量为 410kg/m³、水灰比为 0.36、砂率为 0.35 时不同外加剂混凝土性能对比。从表 3-9 可知，加复合 E 的混凝土 28d 抗折强度高于加复合 H 及加复合 B 的混凝土，加复合 H 的混凝土 28d 压折比小于加复合 E 及加复合 B 的混凝土。说明复合 H 在提高混凝土的韧性方面优于复合 E 及复合 B。

**表 3-9　不同外加剂(复合 H、复合 E、复合 B)混凝土性能对比**

| 外加剂 | 坍落度/mm | 抗折强度/MPa | | 抗压强度/MPa | | 28d 压折比 |
|---|---|---|---|---|---|---|
| | | 7d | 28d | 7d | 28d | |
| 复合 H | 130 | 6.5 | 6.8 | 47.1 | 51.2 | 7.52941 |
| 复合 E | 120 | 6.0 | 7.1 | 50.2 | 57.1 | 8.04225 |
| 复合 B | 50 | 5.6 | 6.7 | 46.9 | 54.9 | 8.19403 |

表 3-10 是水泥用量为 410kg/m³、水灰比为 0.34、砂率为 0.35 时不同外加剂混凝土的性能对比，进行了混凝土坍落度与强度的相关性分析。

**表 3-10　不同外加剂(复合 H、复合 C、复合 D、复合 E)混凝土性能对比及相关性分析**

| 外加剂 | 坍落度 | 抗折强度 | | 抗压强度 | | 28d 压折比 |
|---|---|---|---|---|---|---|
| | | 7d | 28d | 7d | 28d | |
| 复合 H | 50mm | 10.9MPa | 9.2MPa | 54.1MPa | 54.1MPa | 5.88043 |
| 复合 C | 30mm | 5.7MPa | 8.6MPa | 51.5MPa | 62.1MPa | 7.22093 |
| 复合 D | 30mm | 6.5MPa | 7.0MPa | 52.5MPa | 61.5MPa | 8.78571 |
| 复合 E | 140mm | 6.7MPa | 6.9MPa | 55.8MPa | 61.7MPa | 8.94203 |
| — | 相关系数 $R$ | 0.077702 | −0.438837 | 0.882116 | 0.100839 | 0.409149 |
| — | $R_{0.2}$ | 0.687 | 0.687 | 0.687 | 0.687 | 0.687 |
| — | $R_{0.1}$ | 0.805 | 0.805 | 0.805 | 0.805 | 0.805 |
| — | $R_{0.05}$ | 0.878 | 0.878 | 0.878 | 0.878 | 0.878 |

从表 3-10 可知，除 7d 抗压强度与坍落度线性相关外，其他数据均与坍落度相关性不强，说明数据的差异主要不是坍落度差异造成的。根据研究因素分析，应该是外加剂不同导致的。

不同外加剂混凝土 28d 压折比从小到大的排列顺序为复合 H<复合 C<复合 D<复合 E，说明复合 H 的增韧作用较其他三个要好。另外，从坍落度上看，加复合 E 的混凝土流动性最好，加复合 C、加复合 D 的混凝土流动性较小，加复合 H 的混凝土流动性居中。

表 3-11 是水泥用量为 387kg/m³、水灰比为 0.38、砂率为 0.39 时不同外加剂混凝土性能对比及相关性分析。

**表 3-11　不同外加剂(复合 F、复合 H、复合 W)混凝土性能对比及相关性分析**

| 外加剂 | 坍落度 | 抗折强度 | | 抗压强度 | | 28d 压折比 |
|---|---|---|---|---|---|---|
| | | 7d | 28d | 7d | 28d | |
| 复合 F | 30mm | 5.9MPa | 7.0MPa | 46.8MPa | 53.5MPa | 7.64286 |
| 复合 H | 140mm | 6.1MPa | 6.4MPa | 45.9MPa | 51.5MPa | 8.04688 |
| 复合 W | 110mm | 6.0MPa | 6.4MPa | 43.2MPa | 51.7MPa | 8.07813 |
| — | 相关系数 | 0.96725 | −0.96458 | −0.47873 | −0.98454 | 0.94560 |

从表 3-11 可知，在其他条件相同的情况下，加复合 F 较加复合 H 及加复合 W 的混凝土 28d 压折比小，抗折强度高，是三者中较优的纤维外加剂。

为了分析混凝土强度与坍落度之间的关系，计算了坍落度与抗压强度、抗折强度及 28d 压折比的相关系数。查统计表得相关系数的临界值分别为 $R_{0.2}=0.9510$，$R_{0.1}=0.9877$。从相关系数计算结果看，在置信概率 80%的情况下，坍落度与 7d 抗折强度、28d 抗折强度及 28d 抗压强度均有一定的相关性，坍落度小的混凝土强度高，反之亦然。说明强度主要与混凝土拌和物的坍落度有关。

从坍落度与 28d 压折比的相关系数看，在置信概率 80%的情况下，并不能认为 28d 压折比与坍落度线性相关。因此，从研究因素分析，28d 压折比应该与外加剂种类有关。

表 3-12 是在水泥用量为 387kg/m³、水灰比为 0.36、砂率为 0.39 时两种复合外加剂应用后的纤维混凝土性能对比。

**表 3-12　两种复合外加剂混凝土性能对比(水泥用量为 387kg/m³)**

| 外加剂 | 坍落度/mm | 抗折强度/MPa | | 抗压强度/MPa | | 28d 压折比 |
|---|---|---|---|---|---|---|
| | | 7d | 28d | 7d | 28d | |
| 复合 F | 80 | 6.7 | 7.1 | 44.3 | 51.6 | 7.26761 |
| 复合 H | 60 | 5.8 | 7.0 | 46.8 | 53.4 | 7.62857 |

由表 3-12 可知，在其他条件完全相同的情况下，加复合 F 较加复合 H 的混凝土坍落度稍高，28d 压折比稍低，说明在纤维增韧方面外加剂复合 F 优于复合 H。

表 3-13 是水泥用量为 410kg/m³、水灰比为 0.36、砂率为 0.38 时两种复合外加剂混凝土的性能对比。

表 3-13　两种复合外加剂混凝土性能对比(水泥用量为 410kg/m³)

| 外加剂 | 坍落度/mm | 抗折强度/MPa | | 抗压强度/MPa | | 28d 压折比 |
| --- | --- | --- | --- | --- | --- | --- |
| | | 7d | 28d | 7d | 28d | |
| 复合 F | 120 | 6.5 | 7.8 | 51.1 | 53.2 | 6.82051 |
| 复合 H | 130 | 6.4 | 6.5 | 50.5 | 61.3 | 9.43077 |

从表 3-13 可知，其他条件相同时，加复合 F 的混凝土抗折强度明显高于复合 H，28d 压折比明显小于复合 H，进一步证实复合 F 较复合 H 有较好的增韧作用。

综上所述，复合外加剂较传统的单一萘系减水剂应用于水镁石纤维混凝土具有明显的优势，复合外加剂中复合 F 对纤维增韧作用的发挥应用效果最佳。纤维增韧效果好，表明纤维的劈分和在混凝土中的分散性好。

## 3.3　水镁石纤维混凝土施工工艺参数研究

### 3.3.1　水镁石纤维砂浆制备工艺参数研究

为了研究水镁石纤维混凝土施工工艺参数，先进行纤维砂浆的制备工艺参数研究，探讨物料添加次序、搅拌时间等因素对砂浆性能的影响。

1. 试验原材料

水泥：采用 P·O 42.5 普通硅酸盐水泥。

细集料：采用西安灞河产中砂。

水镁石纤维膏：将 F 型复合外加剂放入纤维分散搅拌机，然后加入水镁石纤维和水搅拌 10min，放置 24h 后使用。

水：采用自来水。

2. 试验方法

试验中先进行干料搅拌，然后加水进行湿料搅拌。干料搅拌根据水泥的添加前后次序不同，分为干料同时添加和水泥稍后添加。干料同时添加是将砂、纤维膏和水泥同时加入搅拌机中搅拌一段时间，最后加水进行湿料搅拌。水泥稍后添加是先将砂与纤维膏加入搅拌机中搅拌一段时间，再加水泥搅拌 1min，最后加水进行湿料搅拌。具体的试验因素及参数见表 3-14。

表 3-14　试验因素及参数

| 序号 | 因素 | 参数 1 | 参数 2 |
| --- | --- | --- | --- |
| A | 干料搅拌时间 | 1min | 2min |
| B | 干料中水泥添加次序 | 干料同时添加 | 水泥稍后添加 |
| C | 加水后搅拌时间 | 1min | 2min |

　　试验的配合比水泥：水：砂：纤维膏为 1：0.42：2.5：0.08。试验因素搭配见表 3-15。

表 3-15　试验因素搭配

| 试验序号 | 干料搅拌时间/min | 水泥添加次序 | 湿料搅拌时间/min |
| --- | --- | --- | --- |
| 1 | 1 | 同时 | 1 |
| 2 | 1 | 同时 | 2 |
| 3 | 1 | 稍后 | 1 |
| 4 | 1 | 稍后 | 2 |
| 5 | 2 | 同时 | 1 |
| 6 | 2 | 同时 | 2 |
| 7 | 2 | 稍后 | 1 |
| 8 | 2 | 稍后 | 2 |

　　按上述试验设计制备水泥砂浆试件，测试其28d的抗压强度和抗折强度，算得纤维砂浆的压折比，以此比值确定工艺次序及参数的优劣。压折比小的砂浆韧性好，则认为相应的纤维砂浆制备工艺参数较优。

　　3. 试验结果与分析

　　表 3-16 是各试验试件抗压强度、抗折强度测试结果及压折比计算结果。可以看出，压折比最小的是 1 号试件，对应的试验参数是所有干物料同时添加，干料和湿料分别搅拌1min。

表 3-16　各试验试件抗压强度、抗折强度测试结果及压折比计算结果

| 试验序号 | 28d 抗压强度/MPa | 28d 抗折强度/MPa | 压折比 |
|---|---|---|---|
| 1 | 45.31 | 7.45 | 6.081879 |
| 2 | 49.69 | 7.35 | 6.760544 |
| 3 | 56.25 | 6.30 | 8.928571 |
| 4 | 43.75 | 7.00 | 6.250000 |
| 5 | 48.44 | 7.65 | 6.332026 |
| 6 | 55.31 | 8.03 | 6.887920 |
| 7 | 43.75 | 6.65 | 6.578947 |
| 8 | 59.38 | 7.15 | 8.304895 |

　　压折比最大的是 3 号试件，对应的试验参数是砂与纤维膏先搅拌 1min，再加水泥搅拌 1min，最后加水搅拌 1min。

　　表 3-17 是试验结果的极差分析表，可知试验因素的主次为水泥添加次序>湿料搅拌时间>干料搅拌时间。

表 3-17　极差分析表

| 参数 | 干料搅拌时间 | 水泥添加次序 | 湿料搅拌时间 |
|---|---|---|---|
| 1 | 7.005249 | 6.515592 | 6.980356 |
| 2 | 7.025947 | 7.515603 | 7.05084 |
| 极差 | 0.020699 | 1.000011 | 0.070484 |

　　试验的最优的参数组合为干料搅拌时间参数 1(搅拌 1min)+水泥添加次序参数 1(同时添加)+湿料搅拌时间参数 1(搅拌 1min)。这是 1 号试验的参数组合，对应的砂浆压折比约为 6.08，砂浆的韧性较好。

　　试验中最差的参数组合为干料搅拌时间参数 2(搅拌 2min)+水泥添加次序参数 2(稍后添加)+湿料搅拌时间参数 2(搅拌 2min)。这是 8 号试验的参数组合，对应的砂浆压折比约为 8.30。

　　图 3-25 是本轮试验中 1 号和 8 号试件的抗折强度随时间的变化曲线。

　　将最优参数组合的 1 号试件与最差参数组合的 8 号试件的抗折强度变化曲线对比可知，二者初期抗折强度相差不大，但 1 号试件的后期抗折强度增长较多，使其压折比较小。

　　最优参数组合试件较最差参数组合试件的压折比降低约 26.8%，说明此参数组合下纤维松解及增韧作用发挥较好。

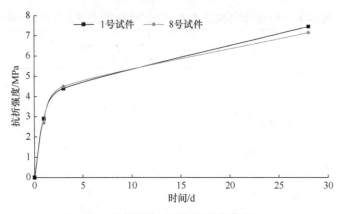

图 3-25　抗折强度随时间的变化曲线

由此可知，物料的搅拌时间并不是越长越好，过长时间的搅拌反而会使纤维的增韧作用降低。分析其原因，物料长时间搅拌对纤维磨损较大，使纤维变短，增韧作用丧失。

### 3.3.2　水镁石纤维混凝土制备工艺参数研究

在水镁石纤维砂浆试验的基础上，进一步研究水镁石纤维混凝土制备及施工工艺参数。研究以水镁石纤维膏形式应用于混凝土(以下简称湿法)的效果，并与直接以干纤维料应用(以下简称干法)的效果进行对比。

1. 试验方法

水镁石纤维在混凝土中按湿法和干法两种工艺添加。

水镁石纤维湿法添加工艺：将砂、石、纤维膏、水泥同时投入强制式混凝土搅拌机料斗中搅拌 1min 后，再加水搅拌 2min 出料。

水镁石纤维干法添加工艺：将水泥、砂、石、减水剂和干纤维同时投入强制式混凝土搅拌机料斗干拌 1min，之后加水湿拌 2min 出料。加水湿拌时间为2min 是考虑粗集料的体积较大，稍长的搅拌时间有利于搅拌均匀。

混凝土的配合比见表 3-18。

表 3-18　混凝土的配合比　　　　　　(单位：kg/m³)

| 组别 | 水泥用量 | 水用量 | 砂用量 | 碎石用量 | 纤维(膏)及减水剂用量 |
|---|---|---|---|---|---|
| 湿法 | 387 | 140 | 692 | 1180 | 纤维膏 39(纤维 15.6) |
| 干法 | 465 | 181 | 667 | 1209 | 纤维 20+减水剂 4.65 |

试验步骤：把各种原材料按比例放入搅拌机内，搅拌规定时间后测其坍落

度，并观察黏聚性和保水性，然后按照《公路工程水泥及水泥混凝土试验规程》(JTG 3420—2020)制作小梁试件，一昼夜后拆模，放入养护室中，在标准条件下养护至规定龄期(7d 和 28d)，测其抗弯拉强度。

2. 试验结果分析

表 3-19 是不同纤维应用方法的混凝土性能。从表 3-19 可知，采用湿法添加工艺时，在每方混凝土的水泥用量较干法减少 78kg、纤维用量减少 4.4kg 的情况下，混凝土的 28d 抗弯拉强度提高 19.4%，且材料成本降低 10%以上。同时，混凝土的流动性较干法添加工艺有较大提高。

表 3-19　不同纤维应用方法的混凝土性能

| 纤维应用方法 | 水泥用量/(kg/m³) | 纤维用量/(kg/m³) | 坍落度/mm | 黏聚性 | 保水性 | 28d 抗弯拉强度/MPa | 28d 压折比 | 材料成本/(元/m³) |
|---|---|---|---|---|---|---|---|---|
| 干法 | 465 | 20.0 | 50 | 良好 | 良好 | 6.2 | 6.73 | 461.5 |
| 湿法 | 387 | 15.6 | 145 | 良好 | 良好 | 7.4 | 5.89 | 414.4 |

图 3-26 是不同纤维应用方法时混凝土抗弯拉强度随时间的增长规律。由图 3-26 可知，水镁石纤维湿法添加工艺较干法添加工艺的混凝土抗弯拉强度随时间增长较多。采用湿法添加工艺的混凝土抗弯拉强度从 7d 到 28d 的增长率为 15.6%，采用干法添加工艺的混凝土抗弯拉强度从 7d 到 28d 的增长率仅约 8.8%。产生这种现象的原因是：湿法添加工艺可使水镁石纤维得到更好的劈分，能更加均匀地分散在混凝土结构体系里，有利于水镁石纤维对混凝土的增韧。

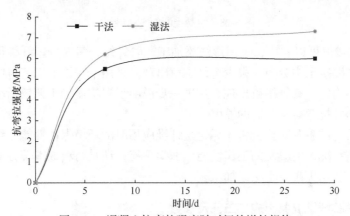

图 3-26　混凝土抗弯拉强度随时间的增长规律

图 3-27 是采用干法和湿法添加工艺时混凝土断面的电子探针镁元素分布图。由于混凝土中只有水镁石纤维含镁元素，因此图 3-27 中混凝土断面的镁元素分布反映了水镁石纤维在混凝土中的分布情况。从图 3-27 可知，干法添加工

艺时水镁石纤维分布不均匀，而湿法添加工艺时纤维分布较均匀。混凝土断面的 SEM 照片也说明了这一点，图 3-28 是采用干法和湿法添加工艺时混凝土断面的 SEM 照片。

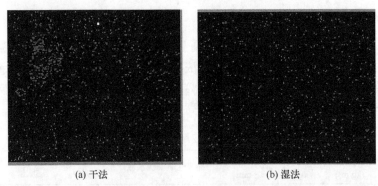

(a) 干法　　　　　　　　　　　　　(b) 湿法

图 3-27　混凝土断面的电子探针镁元素分布图

(a) 湿法　　　　　　　　　　　　　(b) 干法

图 3-28　混凝土断面 SEM 照片

从图 3-28 可以看出，采用湿法添加工艺时纤维松解充分，纤维很细，纤维较均匀地在混凝土中分布，很少有纤维束出现。采用干法添加工艺时纤维在混凝土中分布不均匀，有纤维束出现。这进一步说明了湿法添加工艺较干法添加工艺的混凝土 28d 抗弯拉强度高的原因。

经过反复试验及对比分析，无论是纤维应用时的环境保护性能，纤维在混凝土中的分布状况，混凝土的工作性能、力学性能，还是材料成本等方面，纤维的湿法添加工艺均优越于干法添加工艺。

### 3.3.3　水镁石纤维混凝土施工工艺及参数

水镁石纤维混凝土与普通水泥混凝土除了在外加剂应用形式、混凝土制备工艺及参数有差异外，其他的没有差别。因此，水镁石纤维混凝土拌和物的运输、摊铺、振实、整平、养护等均与普通水泥混凝土相同，应该按照相应的国家或行业规范进行。

对于路面混凝土的施工，应该依据《公路水泥混凝土路面施工技术细则》(JTG/T F30—2014)、《公路工程水泥及水泥混凝土试验规程》(JTG 3420—2020)进行。水镁石纤维膏应事先制备，并作为一种特殊的混凝土外加剂应用于混凝土制备中。

图 3-29 是根据普通水泥混凝土路面的施工工艺流程作出的水镁石纤维混凝土路面施工工艺流程图。

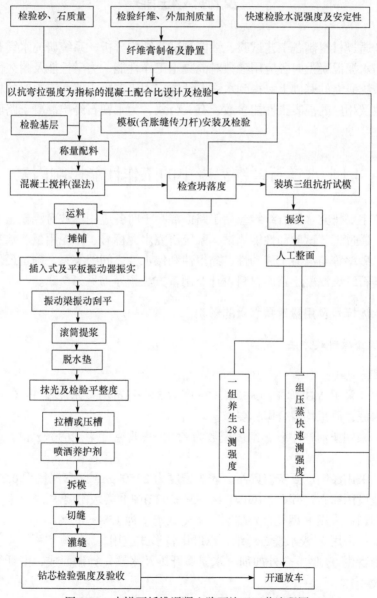

图 3-29　水镁石纤维混凝土路面施工工艺流程图

# 第4章 水镁石纤维混凝土工作性能、力学性能及耐久性能

本章通过材料制备工艺试验、性能测试及结构分析，系统研究水镁石纤维应用于道路水泥混凝土时各应用参数对混凝土工作性能、力学性能及耐久性能的影响。在系统研究的基础上，得到水镁石纤维应用于混凝土路面工程时的材料组成设计参数及相应的混凝土性能参数、有关公式，为水镁石纤维混凝土路面设计提供参考。

## 4.1 水镁石纤维混凝土的工作性能影响因素

本节主要研究水镁石纤维应用于路面混凝土时各应用参数对混凝土工作性能的影响。通过工艺试验和性能测试，系统研究水泥标号、水泥用量、水灰比、纤维用量、砂率等与混凝土流动性、黏聚性和保水性之间的关系，确定最佳工艺参数。水镁石纤维混凝土路面材料设计及制备方法指导书见第7章。

### 4.1.1 水泥标号及用量对需水量的影响

1. 试验原料及方法

1)试验原料

水泥：采用 YB 牌 P·O 52.5、P·O 42.5 普通硅酸盐水泥及 P·C 32.5 复合硅酸盐水泥，质量均符合国标要求。

砂：采用灞河产中砂，细度模数为 2.8，表观密度为 2630kg/m³，含泥量为1.1%。

石：采用泾阳产石灰岩碎石，表观密度为 2750kg/m³，含泥量为 0.2%，级配符合《建设用卵石、碎石》(GB/T 14685—2022)中Ⅱ类级配要求。

外加剂：采用 F 型复合外加剂，实测减水率为 15%~17%。

纤维：采用 X 级水镁石纤维，以纤维膏形式应用。

纤维膏由 F 型复合外加剂、水镁石纤维及水预先拌制而成，湿纤维膏制作配比见表 4-1。

**表 4-1　湿纤维膏制作配比**

| 原材料 | 质量/kg | 质量比 |
|---|---|---|
| 水镁石纤维 | 400 | 1 |
| F 型复合外加剂 | 110 | 0.275 |
| 水 | 490 | 1.225 |

湿纤维膏制作工艺如下：

F 型复合外加剂→加入纤维分散搅拌机→加水镁石纤维→加水搅拌 10min→出料→放置 24h 备用。

对比试验用减水剂：西安某混凝土外加剂厂生产的萘系高效减水剂。

2) 试验方法

按照《公路工程水泥及水泥混凝土试验规程》(JTG 3420—2020)，把各种原材料按比例放入混凝土搅拌机内，搅拌规定时间后测其坍落度，并观察黏聚性和保水性。

2. 试验结果及分析讨论

当固定混凝土坍落度和纤维膏用量时，混凝土配合比设计数据和研究因素水平分别如表 4-2 和表 4-3 所示。

**表 4-2　固定坍落度和纤维膏用量时的配合比设计数据**

| 指标 | 混凝土密度/(kg/m³) | 砂率 | 纤维膏用量/% | 坍落度/mm |
|---|---|---|---|---|
| 数值 | 2470 | 0.38 | 10 | 30 |

**表 4-3　固定坍落度和纤维膏用量时的研究因素水平**

| 因素水平 | 水泥用量/(kg/m³) | 水泥用量对应的集灰比 | 水泥标号 |
|---|---|---|---|
| 水平 1 | 320 | 6.2 | 32.5 |
| 水平 2 | 340 | 5.8 | 42.5 |
| 水平 3 | 360 | 5.4 | 52.5 |
| 水平 4 | 380 | 5.1 | — |
| 水平 5 | 400 | 4.8 | — |

采用全因素水平搭配的方法进行试验，试验结果见图 4-1，为固定坍落度和纤维膏用量时集灰比与水灰比的关系。从图 4-1 可以看出，在固定坍落度和纤维膏用量的情况下，总体而言，随集灰比的增大(水泥用量减少)，混凝土需水量增

大(水灰比增大)。不同标号水泥情况有差别。52.5 水泥需水量要大些，32.5 水泥的需水量则小些，42.5 水泥的需水量介于二者之间。

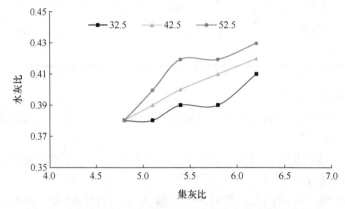

图 4-1　固定坍落度和纤维膏用量时集灰比与水灰比的关系

也就是说，若固定混凝土的水灰比，则随集灰比的增大(水泥用量减少)，混凝土的坍落度减小。同时，随集灰比的增大(水泥用量减少)，52.5 水泥的混凝土坍落度减少最多，流动性最低，42.5 水泥次之，32.5 水泥的流动性最高。

采用 360kg/m³ 的 42.5 水泥，集灰比均为 5.4 时按照表 4-2 配合比参数制备水镁石纤维混凝土，图 4-2 是其与普通混凝土在相同坍落度时的水灰比对比。普通混凝土不添加纤维膏，而添加水泥用量 1.2%(4.32kg/m³)的萘系高效减水剂。

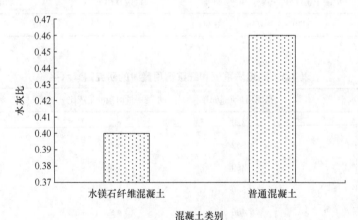

图 4-2　相同坍落度时混凝土的水灰比对比

图 4-2 中，在相同配合比参数及流动性情况下，水镁石纤维混凝土的水灰比明显小于普通混凝土。在 42.5 普通硅酸盐水泥的情况下，水镁石纤维混凝土较

普通混凝土需水量减少 13%。这进一步说明了水镁石纤维混凝土中采用 F 型复合外加剂要优于普通减水剂。

### 4.1.2　纤维膏用量对需水量的影响

当固定混凝土坍落度和水泥用量时，混凝土配合比设计数据和研究因素水平分别见表 4-4 和表 4-5。

表 4-4　固定坍落度和水泥用量时的配合比设计数据

| 指标 | 混凝土密度/(kg/m³) | 砂率 | 水泥用量/(kg/m³) | 坍落度/mm |
|---|---|---|---|---|
| 数值 | 2470 | 0.38 | 360 | 30 |

表 4-5　固定坍落度和水泥用量时的研究因素水平

| 因素水平 | 纤维膏用量/% | 水泥标号 |
|---|---|---|
| 水平 1 | 8 | 32.5 |
| 水平 2 | 9 | 42.5 |
| 水平 3 | 10 | 52.5 |
| 水平 4 | 11 | — |
| 水平 5 | 12 | — |

采用全因素水平搭配法设计试验，固定坍落度和水泥用量时纤维膏用量与水灰比的关系见图 4-3。

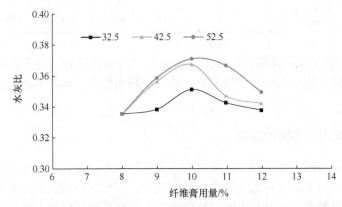

图 4-3　固定坍落度和水泥用量时纤维膏用量与水灰比的关系图

从图 4-3 可以看出，随纤维膏用量的增加，水灰比呈现上凸的曲线形式，混凝土水灰比先增大后减少，在纤维膏用量为 10%左右达到最大值。分析其原因，应该是纤维比表面积远大于其他材料，纤维用量增大，其需水量也增加。由于纤维膏中含有减水剂，随纤维膏用量增大，减水剂的用量相应增加，减水量也会增加，因此纤维膏用量继续增大时水灰比反而减少。三种标号水泥中，同样是52.5 水泥需水量最大，32.5 水泥需水量最低，42.5 水泥需水量居中。

同理可以推知，若固定用水量，则随纤维膏用量增加，混凝土的坍落度应该呈现下凹的曲线形式。纤维膏用量较多或较少时，混凝土坍落度较大，流动性较好，纤维膏用量在 10%左右时坍落度最小，混凝土流动性最低。三种标号水泥的混凝土坍落度从小到大为 52.5 水泥<42.5 水泥<32.5 水泥。这与 4.1.1 小节中固定混凝土坍落度和纤维膏用量时水泥标号对需水量影响的结论一致。

### 4.1.3　水泥用量对坍落度的影响

在水镁石纤维膏用量为 $30kg/m^3$ 的情况下，水泥用量与混凝土坍落度的关系见表 4-6。比较表 4-6 中试验 1、2 和试验 3、4，不论是采用 42.5 水泥还是 52.5 水泥，在其他条件相同的情况下，随水泥用量的增加，混凝土的坍落度均提高，流动性变大，这与前文的试验结论一致。

表 4-6　水泥用量与混凝土坍落度的关系

| 试验序号 | 水泥标号 | 水泥用量/(kg/m³) | 坍落度/mm | 30min 坍落度/mm | 黏聚性 | 保水性 | 水灰比 | 砂率 | 混凝土密度/(kg/m³) |
|---|---|---|---|---|---|---|---|---|---|
| 1 | 42.5 | 410 | 60 | 58 | 良好 | 良好 | 0.36 | 0.38 | 2470 |
| 2 | 42.5 | 350 | 40 | 39 | 良好 | 良好 | 0.36 | 0.38 | 2470 |
| 3 | 52.5 | 410 | 125 | 120 | 良好 | 良好 | 0.37 | 0.39 | 2470 |
| 4 | 52.5 | 387 | 45 | 41 | 良好 | 良好 | 0.37 | 0.39 | 2470 |

表 4-6 中各试验混凝土的黏聚性和保水性均保持良好，坍落度经时损失也小，保坍性好，这是水镁石纤维混凝土的一个重要特点。本小节试验进一步证明了这一点。

### 4.1.4　水灰比对坍落度的影响

表 4-7 是水灰比与混凝土坍落度的关系试验结果。在三种水泥用量的情况下分别进行了不同水灰比的对比试验，可以发现，在水泥用量及砂率相同时，水灰比增大，用水量多，则混凝土的坍落度增大。水镁石纤维混凝土这一点符合一般普通混凝土的规律。

表 4-7   水灰比与混凝土坍落度的关系试验结果

| 试验序号 | 水泥用量/(kg/m³) | 坍落度/mm | 水灰比 | 砂率 | 水泥标号 | 混凝土密度/(kg/m³) |
|---|---|---|---|---|---|---|
| 5 | 387 | 60 | 0.36 | 0.39 | 52.5 | 2470 |
| 6 | 387 | 80 | 0.38 | 0.39 | 52.5 | 2470 |
| 7 | 410 | 30 | 0.34 | 0.35 | 52.5 | 2470 |
| 8 | 410 | 65 | 0.36 | 0.35 | 52.5 | 2470 |
| 9 | 465 | 75 | 0.38 | 0.35 | 52.5 | 2470 |
| 10 | 465 | 100 | 0.39 | 0.35 | 52.5 | 2470 |

#### 4.1.5   砂率对坍落度的影响

采用 410kg/m³ 52.5 水泥、36kg/m³ 水镁石纤维膏，水灰比为 0.38 时砂率与坍落度的关系见图 4-4。由图 4-4 可知，砂率为 0.35~0.38 时，坍落度随着砂率的增大而增大。这是由于砂率增大后，细集料所占的比例增加，混凝土的流动性好，坍落度增加。当砂率超过 0.38 后，坍落度明显下降。这是由于砂率增大时，集料的比表面积随之增大，增加集料的吸水量并且减弱了水泥浆的润滑作用，混凝土的流动性下降。坍落度最大值出现在砂率为 0.38 左右。

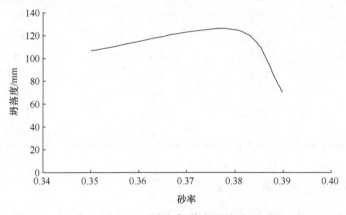

图 4-4   砂率与坍落度的关系

## 4.2   水镁石纤维混凝土的力学性能影响因素

影响水镁石纤维混凝土力学性能的因素很多，为了筛选主要因素，确定最佳参数，首先选择水泥标号、水泥用量及纤维用量三个因素，通过正交试验进行研究。研究因素水平见表 4-8，试验中设计的其他配比参数见表 4-9，正交试验配合比见表 4-10。

**表 4-8　混凝土力学性能的研究因素水平**

| 因素 | 水泥标号 | 水泥用量/(kg/m³) | 纤维膏用量(占水泥用量比例)/% |
|---|---|---|---|
| 水平 1 | 32.5 | 320 | 8 |
| 水平 2 | 42.5 | 360 | 10 |
| 水平 3 | 52.5 | 400 | 12 |

**表 4-9　混凝土力学性能的试验配合比参数表**

| 水灰比 | 砂率 | 混凝土密度/(kg/m³) | 坍落度/mm |
|---|---|---|---|
| 0.36 | 0.38 | 2470 | 50～70 |

**表 4-10　混凝土力学性能的正交试验配合比**

| 试验序号 | 水泥标号 | 水泥用量/(kg/m³) | 纤维膏用量/(kg/m³) |
|---|---|---|---|
| 1 | 32.5 | 320 | 28.8 |
| 2 | 32.5 | 360 | 36.0 |
| 3 | 32.5 | 400 | 43.2 |
| 4 | 42.5 | 320 | 36.0 |
| 5 | 42.5 | 360 | 43.2 |
| 6 | 42.5 | 400 | 28.8 |
| 7 | 52.5 | 320 | 43.2 |
| 8 | 52.5 | 360 | 28.8 |
| 9 | 52.5 | 400 | 36.0 |
| 10(对比样) | 42.5 | 360 | 纤维 0+萘系减水剂 4.32 |

### 4.2.1　影响因素主次分析

表 4-11 是正交试验强度测试结果。表 4-12 是对表 4-11 的试验结果进行统计得到的极差分析表。

**表 4-11　正交试验强度测试结果**

| 试验序号 | 7d 抗压强度/MPa | 7d 抗弯拉强度/MPa | 28d 抗压强度/MPa | 28d 抗弯拉强度/MPa |
|---|---|---|---|---|
| 1 | 40.70 | 5.94 | 55.70 | 7.11 |
| 2 | 41.30 | 6.15 | 55.80 | 8.11 |
| 3 | 40.20 | 5.85 | 55.40 | 7.39 |

续表

| 试验序号 | 7d 抗压强度/MPa | 7d 抗弯拉强度/MPa | 28d 抗压强度/MPa | 28d 抗弯拉强度/MPa |
|---|---|---|---|---|
| 4 | 39.10 | 5.06 | 46.70 | 6.96 |
| 5 | 37.80 | 5.44 | 45.40 | 6.51 |
| 6 | 37.50 | 5.30 | 45.30 | 6.02 |
| 7 | 27.80 | 4.43 | 37.80 | 5.92 |
| 8 | 28.60 | 4.56 | 37.50 | 5.78 |
| 9 | 25.80 | 4.73 | 38.40 | 6.39 |
| 10 | 35.45 | —— | 45.50 | 5.29 |

表 4-12　强度测试极差分析表

| 指标 | 7d 抗压强度 | 28d 抗压强度 | 7d 抗弯拉强度 | 28d 抗弯拉强度 | 7d 压折比 | 28d 压折比 |
|---|---|---|---|---|---|---|
| 水泥标号 | 13.33 | 17.73 | 1.41 | 1.51 | 1.25 | 1.11 |
| 水泥用量/% | 1.40 | 0.50 | 0.24 | 0.20 | 0.48 | 0.23 |
| 纤维膏用量/% | 0.33 | 0.80 | 0.07 | 0.85 | 0.03 | 0.75 |

从表 4-12 中可以看出，水泥标号是影响最显著的因素，其极差值均最大。

若以混凝土试样的 28d 强度为评价标准，则各因素的影响大小次序为水泥标号>纤维膏用量>水泥用量，即水泥用量对各指标影响最小。

1. 水泥标号的影响

根据表 4-11 的试验结果，水泥标号与混凝土 28d 抗弯拉强度的关系见图 4-5。由图可知，在水镁石纤维混凝土各试样之间，随水泥标号的提高，混凝土 28d 抗弯拉强度提高。52.5 水泥的水镁石纤维混凝土试样抗弯拉强度最高，32.5 水泥的水镁石纤维混凝土试样的抗弯拉强度最低。42.5 水泥的抗弯拉强度较 32.5 水泥提高约 7.7%，52.5 水泥的抗弯拉强度较 42.5 水泥提高约 16.0%。

与普通混凝土对比样相比，水镁石纤维混凝土的抗弯拉强度明显较高。在同为 42.5 水泥的情况下，水镁石纤维混凝土试样较普通混凝土对比样 28d 抗弯拉强度提高约 22.8%，说明加入水镁石纤维能提高混凝土的抗弯拉强度。

图 4-6 是水泥标号与混凝土 28d 压折比的关系。混凝土的压折比表示混凝土韧性的大小。压折比大，则混凝土脆性大；压折比小，则混凝土韧性大。从图 4-6 可以看出，水镁石纤维混凝土的 28d 压折比随水泥标号提高而提高。最高的是 52.5 水泥试样，最低的是 32.5 水泥试样。说明随水泥标号提高，混凝土

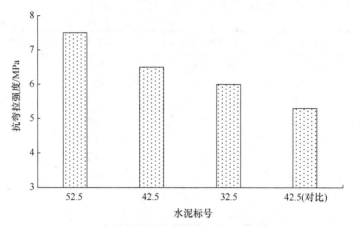

图 4-5　水泥标号与混凝土 28d 抗弯拉强度的关系图

脆性增大。52.5 水泥试样 28d 压折比较 42.5 水泥试样高出 4.7%，42.5 水泥试样 28d 压折比较 32.5 水泥试样高出 12.3%。

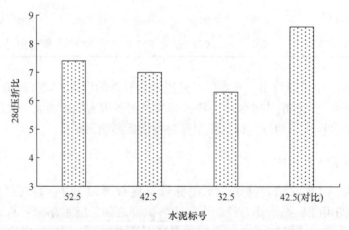

图 4-6　水泥标号与混凝土 28d 压折比的关系

　　与普通混凝土对比，水镁石纤维混凝土的 28d 压折比明显降低。9 个试样的 28d 压折比平均较普通混凝土样降低 19.5%。在相同水泥标号的情况下，水镁石纤维混凝土的 28d 压折比较普通混凝土的 28d 压折比降低约 17.9%，韧性有明显提高。

　　图 4-7 是各混凝土试样的抗压强度随时间的变化规律。从图 4-7 可以看出，3 个水泥标号中，32.5 水泥的水镁石纤维混凝土试样抗压强度最低，52.5 水泥的水镁石纤维混凝土试样抗压强度最高，42.5 水泥的普通混凝土试样及水镁石纤维混凝土试样抗压强度处于二者之间。

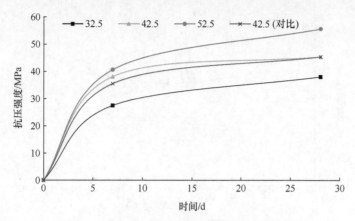

图 4-7 各混凝土试样抗压强度随时间的变化规律

对比 42.5 水泥的两个混凝土试样，水镁石纤维混凝土与普通混凝土的抗压强度相近。与图 4-5 的抗弯拉强度提高幅度相比，可以认为，水镁石纤维对混凝土的抗压强度影响不大，其主要作用是提高混凝土的抗弯拉强度。

2. 水泥用量的影响

图 4-8 是水泥用量与混凝土抗弯拉强度的关系图。从图 4-8 可以看出，水泥用量对水镁石纤维混凝土 7d 和 28d 抗弯拉强度具有类似的影响规律。经计算，各试样 7d 抗弯拉强度的最大偏差约为 4.7%，28d 抗弯拉强度的最大偏差仅为 3%。因此，可以认为水泥用量对水镁石纤维混凝土的抗弯拉强度影响不大。

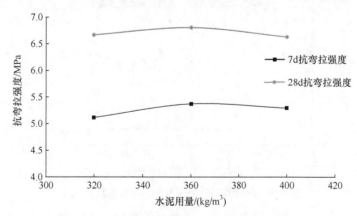

图 4-8 水泥用量与混凝土抗弯拉强度的关系

图 4-9 是水泥用量对混凝土 28d 压折比的影响。由图可知，水泥用量与混凝土 28d 压折比曲线基本呈水平趋势。经计算，各水泥用量对应的混凝土 28d 压折比最大偏差约为 3.4%，说明不同水泥用量对混凝土的韧性没有明显的影响。

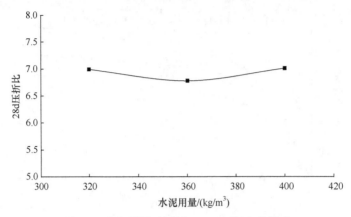

图 4-9　水泥用量对混凝土 28d 压折比的影响

**3. 纤维膏用量**

　　图 4-10 是纤维膏用量与混凝土抗弯拉强度之间的关系。可以看出，纤维膏用量对混凝土 7d 抗弯拉强度影响曲线基本是一条水平线，经计算，数据的最大偏差仅为 1.4%。纤维膏用量对混凝土 28d 抗弯拉强度的影响规律则明显不同，曲线呈现上凸的抛物线形，数值间的最大偏差达到 13.5%。说明在提高混凝土的抗弯拉强度方面，纤维膏用量并非越多越好，存在一个最佳用量，混凝土 28d 抗弯拉强度最大值对应的纤维膏用量为 10% 左右。

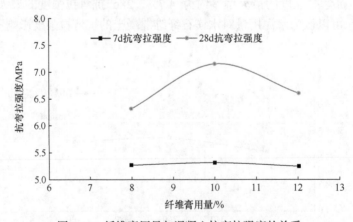

图 4-10　纤维膏用量与混凝土抗弯拉强度的关系

　　图 4-11 是纤维膏用量对混凝土抗压强度的影响。可以看出，纤维膏用量与混凝土 7d 抗压强度和 28d 抗压强度的关系曲线基本是两条水平线。经计算，7d 抗压强度的最大偏差仅为 0.9%，28d 抗压强度的偏差也仅为 1.7%。说明纤维膏用量对混凝土的抗压强度影响不大。

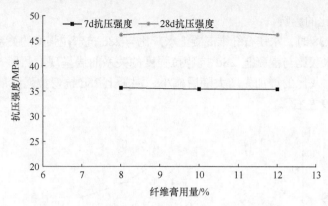

图 4-11　纤维膏用量对混凝土抗压强度的影响

图 4-12 是纤维膏用量与混凝土 28d 压折比的关系，是图 4-10 与图 4-11 中数据相除得到的，变化规律正好与图 4-10 相反。各混凝土 28d 压折比的最大偏差为 11.5%。混凝土 28d 压折比最小值出现在纤维膏用量为 10%左右，为纤维增韧作用发挥的最佳用量。

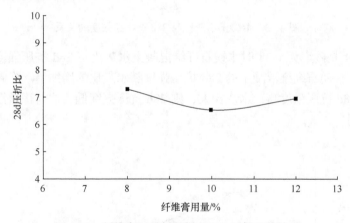

图 4-12　纤维膏用量与混凝土 28d 压折比的关系

4. 水灰比和砂率单因素分析

在正交试验的基础上，进一步研究了单因素对比试验，以确定水灰比、砂率对水镁石纤维混凝土力学性能的影响。试验中采用的试验配合比参数见表 4-13。

表 4-13　水灰比和砂率单因素试验配合比参数

| 水泥标号 | 水泥用量/(kg/m³) | 混凝土密度/(kg/m³) | 纤维膏用量/(kg/m³) |
| --- | --- | --- | --- |
| 42.5 | 360 | 2470 | 36 |

1) 水灰比的影响

砂率为 0.38 时，水镁石纤维混凝土水灰比与 28d 抗弯拉强度的关系见图 4-13。由图可知，水灰比与混凝土 28d 抗弯拉强度的关系曲线呈现上凸形式，28d 抗弯拉强度随着水灰比的增加先增大随后减小，混凝土 28d 抗弯拉强度最大值出现在水灰比为 0.39 左右。

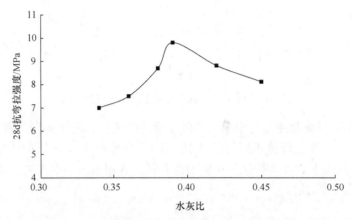

图 4-13　混凝土水灰比与 28d 抗弯拉强度的关系

图 4-14 是砂率为 0.38 时水镁石纤维混凝土水灰比与 28d 抗压强度的关系。可以看出，水镁石纤维混凝土的 28d 抗压强度随水灰比的增加呈下降趋势。水灰比小，则 28d 抗压强度高；水灰比大，则 28d 抗压强度低。这与普通混凝土的变化规律相同。

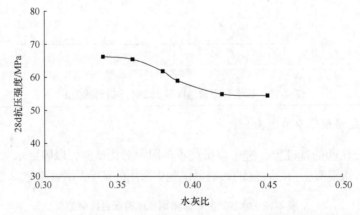

图 4-14　砂率为 0.38 时混凝土水灰比与 28d 抗压强度的关系

图 4-15 是砂率为 0.38 时水镁石纤维混凝土水灰比与 28d 压折比的关系，是图 4-14 与图 4-13 中数据相除的结果。曲线呈现下凹的形态，最低点在水灰比约

为 0.39 处。图中结果显示，从提高水镁石纤维混凝土韧性的角度来说，水灰比存在一个最佳值，过大或过小均不理想，其原因应该与纤维的分散及增韧作用有关。当起始水灰比增加时，水量增加有利于纤维劈分和在混凝土中分散，纤维的增韧作用能够较好发挥。当水量过多时，混凝土密实程度降低引起强度下降，其中抗弯拉强度下降较多，导致混凝土的韧性反而下降。

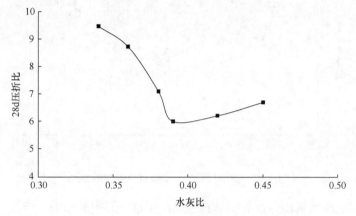

图 4-15 砂率为 0.38 时水灰比与混凝土 28d 压折比的关系

2) 砂率的影响

图 4-16 是水灰比为 0.39 时砂率与混凝土 28d 抗弯拉强度的关系。可以看出，砂率与水镁石纤维混凝土 28d 抗弯拉强度的关系曲线中也存在极值点。砂率较小时，混凝土 28d 抗弯拉强度较低，随着砂率的增加，混凝土 28d 抗弯拉强度提高。在砂率为 0.38 左右，混凝土的 28d 抗弯拉强度达到最大值，以后则随砂率的提高而降低。

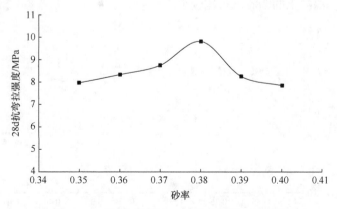

图 4-16 砂率与混凝土 28d 抗弯拉强度的关系

图 4-17 是水灰比为 0.39 时砂率与混凝土 28d 抗压强度的关系。图中曲线前段变化较缓，混凝土的 28d 抗压强度随砂率增加呈缓慢上升趋势。再继续增加砂率，混凝土的 28d 抗压强度则快速下降，最大值出现在砂率约为 0.38 处。

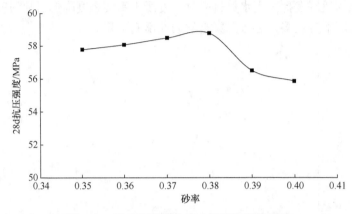

图 4-17　砂率与混凝土 28d 抗压强度的关系

砂率对混凝土抗压强度和抗弯拉强度产生这一影响的原因，应该与砂率对混凝土流动性的影响有关。砂率过小，混凝土流动性不好，不利于混凝土的密实；砂率过大，砂的比表面积大，吸水多，混凝土的流动性也不好，混凝土的密度下降。因此，混凝土的强度在砂率较小或较大时都较低。

图 4-18 是水灰比为 0.39 时砂率与混凝土 28d 压折比的关系，是由图 4-17 和图 4-16 中数据相除得到，曲线呈现下凹形式。砂率较小或较大时，混凝土的 28d 压折比均较大，砂率在 0.38 左右时混凝土的 28d 压折比最小。在砂率为 0.38 左右，尽管混凝土的抗压强度和抗弯拉强度均出现极大值，但由于抗弯拉强度增加幅度较大，混凝土的 28d 压折比较小。

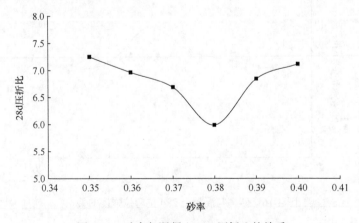

图 4-18　砂率与混凝土 28d 压折比的关系

### 4.2.2　水镁石纤维对劈裂抗拉强度的影响

按照表 4-14 的试验配合比参数进行混凝土制备，测试混凝土的 28d 劈裂抗拉强度，并与普通混凝土对比。

表 4-14　劈裂抗拉强度试验配合比参数

| 混凝土组别 | 水泥标号 | 水泥用量/(kg/m³) | 纤维膏用量/(kg/m³) | 砂率 | 混凝土密度/(kg/m³) | 坍落度/mm |
|---|---|---|---|---|---|---|
| FB 混凝土 | 42.5 | 360 | 36 | 0.38 | 2470 | 50～70 |
| 普通混凝土 | 42.5 | 360 | 纤维 0+萘减水剂 4.32 | 0.38 | 2470 | 50～70 |

图 4-19 是不同混凝土的 28d 劈裂抗拉强度对比。从试验结果可以看出，水镁石纤维混凝土的 28d 劈裂抗拉强度明显高于普通混凝土，经计算，较普通混凝土样高出 17.4%，体现了纤维的增韧作用。

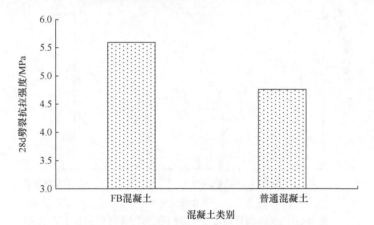

图 4-19　不同混凝土 28d 劈裂抗拉强度对比

### 4.2.3　水镁石纤维对弹性模量的影响

按照《混凝土物理力学性能试验方法标准》(GB/T 50081—2019)的方法进行不同标号水镁石纤维混凝土的弹性模量测定。表 4-15 是各试样的配合比参数表。

表 4-15　弹性模量测定的混凝土配合比参数

| 组别 | 水泥用量/(kg/m³) | 混凝土密度/(kg/m³) | 坍落度/mm | 纤维膏用量/(kg/m³) | 砂率 | 水泥标号 |
|---|---|---|---|---|---|---|
| 32.5 FB 混凝土 | 360 | 2470 | 50～70 | 36 | 0.38 | P·C 32.5R |
| 42.5 FB 混凝土 | 360 | 2470 | 50～70 | 36 | 0.38 | P·O 42.5 |
| 52.5 FB 混凝土 | 360 | 2470 | 50～70 | 36 | 0.38 | P·O 52.5 |
| 42.5 普通混凝土 | 360 | 2470 | 50～70 | 0(萘系减水剂 4.32) | 0.38 | P·O 42.5 |

　　混凝土 28d 抗压弹性模量、28d 抗弯拉弹性模量和动弹性模量试验结果见表 4-16。水泥标号与混凝土 28d 抗弯拉弹性模量关系(图 4-20)、不同混凝土的 28d 抗压弹性模量对比(图 4-21)和动弹性模量对比(图 4-22)，是根据表 4-16 中数据得到的。

表 4-16　水镇石纤维混凝土弹性模量表

| 组别 | 28d 抗压弹性模量/ GPa | 28d 抗弯拉弹性模量/ GPa | 动弹性模量/ GPa |
|---|---|---|---|
| 32.5 FB 混凝土 | — | 7.2 | 47.1 |
| 42.5 FB 混凝土 | 34.5 | 7.2 | 48.1 |
| 52.5 FB 混凝土 | — | 6.4 | 44.9 |
| 42.5 普通混凝土 | 41.1 | 18.6 | 38.8 |

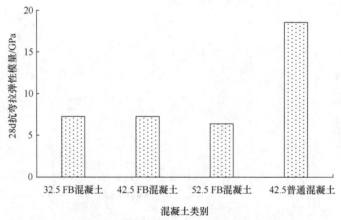

图 4-20　水泥标号与混凝土 28d 抗弯拉弹性模量的关系

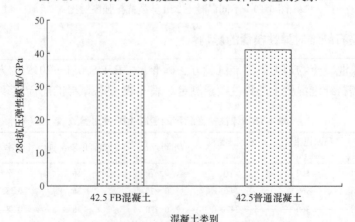

图 4-21　不同混凝土的 28d 抗压弹性模量对比

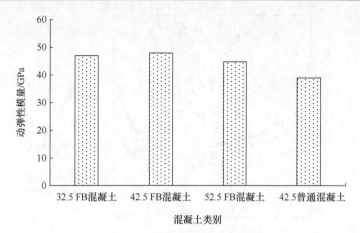

图 4-22　不同混凝土的动弹性模量对比

　　由表 4-16 和图 4-20 可知，水镁石纤维混凝土的 28d 抗弯拉弹性模量远低于普通混凝土，平均仅为普通混凝土 28d 抗弯拉弹性模量的 37.3%，同水泥标号的情况下也仅为普通混凝土的 38.7%。参照表 4-11 的强度测试结果，水镁石纤维混凝土的抗弯拉强度较普通混凝土不但没有降低，反而有提高。弹性模量是混凝土应力和应变的比值，也就是说，水镁石纤维混凝土在受到弯曲应力时有更大的应变。对于同标号水泥的混凝土，将表 4-11 中混凝土抗弯拉强度与表 4-16 中抗弯拉弹性模量相除后比较，可以发现水镁石纤维混凝土在受弯曲应力时的应变远高于普通混凝土，其弯曲应变相当于普通混凝土的 3.2 倍。

　　由表 4-16 和图 4-21 可知，水镁石纤维混凝土的 28d 抗压弹性模量也低于普通混凝土。对于同标号水泥，水镁石纤维混凝土较普通混凝土的 28d 抗压弹性模量降低约 16%。根据表 4-11 的强度试验结果，在 28d 抗压强度相近的情况下，水镁石纤维混凝土较普通混凝土在受压时的应变高出约 20%。

　　表 4-16 和图 4-22 显示了混凝土的动弹性模量差异。可以发现，水镁石纤维混凝土的动弹性模量高于其静压抗压弹性模量(这符合一般规律)，且普遍高于普通混凝土的动弹性模量，平均高出 20.4%，同标号水泥情况下高出 24.0%。由于动弹性模量等于极小应力时的弹性模量，近似于混凝土受压时应力-应变曲线的初始切线弹性模量。由此可以认为，水镁石纤维混凝土在受压初期变形很小，初始应力-应变曲线具有较大的斜率，其原因应该与纤维在混凝土中的作用有关。

　　水镁石纤维混凝土是由水镁石纤维、水泥、砂、石、外加剂、水 6 种材料按一定比例拌和，经过凝固硬化后得到的带有水镁石纤维网络结构的人工石材，是一种与普通混凝土具有不同组分的水泥基多相复合材料，见图 4-23。

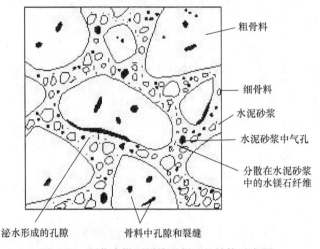

图 4-23　硬化水镁石纤维混凝土的结构示意图

　　材料的宏观行为取决于材料的组成和内部结构。硬化的水镁石纤维混凝土由带有水镁石纤维网络结构的水泥石、集料和集料与水泥石的界面过渡区三个主要部分组成[131]。混凝土的性质取决于上述三个部分各自的性质、相互关系及整体的均匀性。三个部分都很重要，其中带有水镁石纤维网络结构的水泥石和界面过渡区的性质对混凝土的抗弯拉强度和韧性起着决定性的作用[132]。

　　在混凝土受力初期，纤维对水泥浆体的黏结作用和载荷传递作用，使水泥石和混凝土成为一个整体，不易变形。因此，受力初期应变很小，其动弹性模量较大。随着载荷的进一步加大，混凝土中产生裂纹，普通混凝土由于阻止裂纹扩展的能力很小，很快发生脆性断裂。水镁石纤维混凝土纤维被拔出时吸收能量，使混凝土有较大的变形，因而其静弹性模量(抗压弹性模量和抗弯拉弹性模量)较低。

　　图 4-24 是水镁石纤维混凝土试件断面的 SEM 照片。从照片上可以看出，在

图 4-24　水镁石纤维混凝土断面的 SEM 照片

水镁石纤维混凝土受力断裂时，纤维有拔出，也有拔断。纤维的强度远高于水泥浆体的强度，纤维的脱黏和断裂将需要更大的破坏力，这将使混凝土的强度提高。因此，水镁石纤维混凝土较普通混凝土的抗压强度和抗弯拉强度均有一定程度的提高，且其动弹性模量较大。另外，纤维被拔出时需要消耗更多的能量，这个过程将导致混凝土受力破坏前产生一定的变形，这就是水镁石纤维混凝土较普通混凝土静弹性模量小、韧性好的原因。

## 4.3　耐 久 性 能

本节通过混凝土制备工艺试验和性能测试，系统研究水镁石纤维混凝土的耐久性能，并与普通混凝土进行对比。分析水镁石纤维混凝土的热膨胀系数、干缩性、耐磨性、抗硫酸盐腐蚀性、抗渗性、抗碳化性、抗冻性及抗弯曲疲劳性能，通过统计分析，确定水镁石纤维混凝土的热膨胀系数公式和弯曲疲劳寿命方程。

### 4.3.1　热膨胀系数

#### 1. 试验原料

水泥选用 YB 牌 42.5R 普通硅酸盐水泥；细集料选用河砂，细度模数为2.8；粗集料选用粒径为 4.75～26.50mm 连续粒级的石灰岩碎石；水镁石纤维选用陕南产 X 型纤维，以纤维膏的形式应用，其中外加剂选用 F 型。

#### 2. 仪器设备

本小节所用到的仪器设备：混凝土碳化试验箱，微控电子万能试验机，微机屏显式液压压力试验机，微机控制全自动压力试验机，动弹仪，温度湿度可程式控制系统，混凝土温度膨胀收缩仪，电液伺服万能疲劳试验机，混凝土磨耗试验机，微机控制冻融试验机，混凝土硫酸盐干湿循环试验机，电热干燥箱。

#### 3. 试验方法

1) 水镁石纤维混凝土热膨胀系数试验的配合比见表 4-17。

表 4-17　水镁石纤维混凝土热膨胀系数试验的配合比

| 组别 | 水泥用量/(kg/m³) | 水灰比 | 砂率 | 混凝土密度/(kg/m³) | 外加剂及用量/(kg/m³) |
|---|---|---|---|---|---|
| 基准混凝土 | 360 | 0.39 | 0.38 | 2470 | 萘系高效减水剂 4.32 |
| FB 混凝土 | 360 | 0.39 | 0.38 | 2470 | 纤维膏 36 |

2) 试验步骤

按照表 4-17 的配合比制备混凝土试件，标准养护至规定龄期，再按照规范方法进行试件性能测试，最后对数据进行归纳分析。

3) 测试方法

混凝土的干缩性、耐磨性、渗水高度、抗冻性均按照《公路工程水泥及水泥混凝土试验规程》(JTG 3420—2020)的方法进行测试。

混凝土的碳化试验和抗硫酸盐侵蚀试验按照《普通混凝土长期性能和耐久性能试验方法标准》(GB/T 50082—2009)的方法进行。

混凝土的弯曲疲劳试验采用 90d 龄期 100mm×100mm×400mm 小梁试件，四点弯曲、应力控制正弦波形加载法进行。

混凝土的热膨胀系数试验：将 28d 龄期 100mm×100mm×515mm 试件分别置于不同温度的烘箱中恒温保持 4h，再用比长仪按照混凝土干缩性测试方法测其长度，计算出膨胀率，最后通过膨胀率与温度的关系算出热膨胀系数。

4) 试验结果及讨论

表 4-18 是水镁石纤维混凝土试件与普通混凝土对比样的长度随温度升高的变化情况。图 4-25 是以 10℃ 时的试件长度为基础计算得到的线膨胀率随温度的变化情况，线膨胀率 $\beta$ 计算公式为 $\beta$=(试件加热温度下的长度–原长度)/试件原长度。

表 4-18    试件长度随温度升高的变化情况

| 组别 | 10℃ | 20℃ | 30℃ | 40℃ | 50℃ | 60℃ |
|---|---|---|---|---|---|---|
| FB 混凝土试件长度/mm | 536.87 | 536.92 | 536.95 | 536.98 | 537.05 | 537.12 |
| 普通混凝土对比样长度/mm | 537.02 | 537.06 | 537.13 | 537.20 | 537.27 | 537.34 |

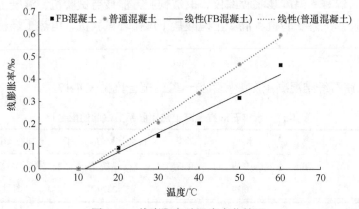

图 4-25    线膨胀率随温度变化情况

由表 4-18 及图 4-25 可知，水镁石纤维混凝土与普通混凝土的线膨胀率随温度升高基本呈线性增长，水镁石纤维混凝土的线膨胀率明显低于普通混凝土。

统计分析后计算普通混凝土与水镁石纤维混凝土的线膨胀率 $\beta$ 随温度 $X$ 变化的回归方程。

普通混凝土：

$$\beta_{普}=(0.012236841X-0.148970243)\times10^{-3}，\text{相关系数 } R^2=0.9944$$

水镁石纤维混凝土：

$$\beta_{FB}=(0.008727838X-0.100583009)\times10^{-3}，\text{相关系数 } R^2=0.9654$$

温度变化量为 $\Delta T$，混凝土的热膨胀系数计算公式为

$$\alpha=\beta/\Delta T$$

在本试验中，混凝土的线膨胀率随温度升高基本呈线性增长，因此其随温度的变化率基本上为常数。

从回归方程可得混凝土的热膨胀系数 $\alpha$ 分别为

$$\alpha_{普}\approx12.2\times10^{-6}/\text{℃}$$

$$\alpha_{FB}\approx8.7\times10^{-6}/\text{℃}$$

经计算，水镁石纤维混凝土较普通混凝土的热膨胀系数降低约 28.7%，这主要是因为纤维对混凝土热膨胀的约束作用。

### 4.3.2　干缩性

图 4-26 是混凝土试件长度随时间的变化曲线。从图 4-26 可知，混凝土固化初期，干缩变形均较大，3d 后，随时间的延续而尺寸变化缓慢，趋于稳定。与普通混凝土相比，水镁石纤维混凝土的干缩性明显较小。经计算，水镁石纤维混

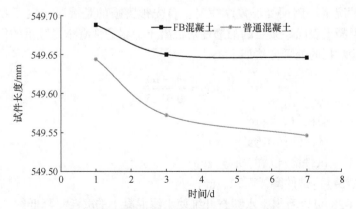

图 4-26　混凝土试件长度随时间的变化曲线

凝土 3d 的干缩率为 $67.3×10^{-6}$，7d 的干缩率为 $76.4×10^{-6}$。普通混凝土试件 7d 的干缩率为 $178.3×10^{-6}$。水镁石纤维混凝土 7d 的干缩率较普通混凝土降低约 57%。

### 4.3.3　抗渗性

混凝土试件 24h 渗水高度见图 4-27。由图 4-27 可知，水镁石纤维混凝土较普通混凝土的渗水高度降低 30%左右。这主要是因为水镁石纤维经松解和分散后像微细的集料一样，均匀分布于水泥浆体的基相之中，水镁石纤维微集料填充性的作用，有助于混凝土中孔隙和毛细孔的充填和细化，从而提高了混凝土的抗渗性。

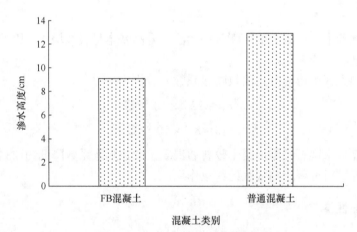

图 4-27　混凝土试件 24h 渗水高度

### 4.3.4　耐磨性

一般情况下，路面受反复摩擦时，首先被磨损的是混凝土表面砂浆层。因此，水泥混凝土表面砂浆层的耐磨性对混凝土的耐磨性有举足轻重的作用。

本试验数据的处理方法如下：

$$G_c = \frac{m_1 - m_2}{0.0125} \tag{4-1}$$

式中，$G_c$——磨耗量，$kg/m^2$；

$m_1$——试件的初始质量，kg；

$m_2$——试件磨耗后的质量，kg；

0.0125——试件磨耗面积，$m^2$。

由图 4-28 可以看出，水镁石纤维使水泥混凝土的磨耗量降低约 15%，显著地改善了水泥混凝土的耐磨性。因此，水镁石纤维应用于路面工程对保证路面完整性有良好的作用。

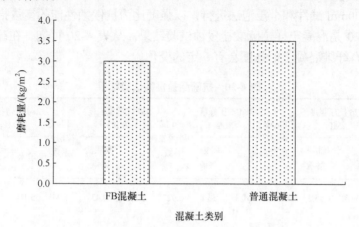

图 4-28　混凝土磨耗量对比

### 4.3.5　抗碳化性

表 4-19 是水镁石纤维混凝土与普通混凝土碳化 3d、7d 的碳化深度及碳化系数。从表 4-19 可知，水镁石纤维混凝土与普通混凝土在碳化深度上相差不多，3d 时稍小于普通混凝土，而 7d 时稍大于普通混凝土。水镁石纤维混凝土的碳化系数却与普通混凝土有较大差别，明显高于普通混凝土，7d 的碳化系数比普通混凝土高出约 16%。

表 4-19　不同混凝土碳化 3d、7d 的碳化深度及碳化系数

| 组别 | 碳化深度/mm | | 碳化前抗压强度/MPa | | 碳化后抗压强度/MPa | | 碳化系数 | |
|---|---|---|---|---|---|---|---|---|
| | 3d | 7d | 3d | 7d | 3d | 7d | 3d | 7d |
| FB 混凝土 | 1.93 | 2.23 | 46.7 | 47.2 | 63.5 | 61.5 | 1.36 | 1.30 |
| 普通混凝土 | 1.96 | 2.21 | 42.0 | 43.9 | 50.1 | 49.2 | 1.19 | 1.12 |

结合水镁石纤维混凝土的干缩性和抗渗性数据分析，水镁石纤维混凝土的碳化系数增大并不是混凝土结构不密实造成的，而是与其成分有关。水镁石纤维的主要成分是 $Mg(OH)_2$，在碳化时会与 $CO_2$ 反应生成 $MgCO_3$，使混凝土的密实度增加，强度增高，碳化系数增大。水镁石纤维对裂纹的阻裂作用，使得混凝土成分的碳化并不会导致混凝土早期产生大的收缩变形。

### 4.3.6　抗硫酸盐侵蚀

混凝土的抗硫酸盐侵蚀试验参照国家标准《普通混凝土长期性能与耐久性能

试验方法标准》(GB/T 50082—2009),采用 100mm×100mm×100mm 及 100mm×100mm×400mm 试件和全浸泡法进行,以强度比为抗侵蚀性能的衡量指标。

表 4-20 是混凝土样抗硫酸盐侵蚀试验结果。从表 4-20 可知,在硫酸盐溶液中,水镁石纤维混凝土的强度会有一定的变化。

表 4-20 抗硫酸盐侵蚀试验结果

| 类型 | 7d 抗压强度 /MPa | | 7d 抗压耐蚀系数 | 28d 抗压强度 /MPa | | 28d 抗压耐蚀系数 | 7d 抗弯拉强度 /MPa | | 7d 抗弯拉耐蚀系数 | 28d 抗弯拉强度 /MPa | | 28d 抗弯拉耐蚀系数 |
|---|---|---|---|---|---|---|---|---|---|---|---|---|
| | 清水 | 硫酸盐溶液 | | 清水 | 硫酸盐溶液 | | 清水 | 硫酸盐溶液 | | 清水 | 硫酸盐溶液 | |
| FB 混凝土 | 57.9 | 55.3 | 0.955 | 61.3 | 56.8 | 0.927 | 5.12 | 5.43 | 1.06 | 5.16 | 5.75 | 1.11 |
| 普通混凝土 | 47.6 | 45.8 | 0.962 | 47.5 | 44.4 | 0.935 | — | — | — | — | — | — |

与普通混凝土相似,在硫酸盐溶液中的水镁石纤维混凝土抗压强度有所降低,其降低幅度稍大于普通混凝土。水镁石纤维混凝土 7d 和 28d 的抗压耐蚀系数分别为 0.955 和 0.927,普通混凝土 7d 和 28d 的抗压耐蚀系数分别为 0.962 和 0.935,抗压耐蚀系数分别降低约 0.73% 和 0.86%。降低幅度均比较小,小于 1%,可以认为差别不大。

水镁石纤维混凝土的抗弯拉强度在硫酸盐溶液中有一定程度的提高,其中 7d 抗弯拉强度提高 6%,28d 抗弯拉强度提高 11%,对应的耐蚀系数分别为 1.06 和 1.11,应该是因为水镁石纤维与硫酸盐溶液反应,使混凝土密实度增加。

综上,根据试验数据及现行规范,以硫酸盐溶液中混凝土抗压强度与清水中混凝土的抗压强度之比为指标,衡量混凝土的抗硫酸盐侵蚀性能,水镁石纤维混凝土与普通混凝土的抗硫酸盐侵蚀性能差别不大。路面混凝土中以抗弯拉强度作为耐腐蚀性能的衡量指标,因此可以认为水镁石纤维混凝土较普通混凝土耐腐蚀性能提高 10%左右。

### 4.3.7 抗冻性

表 4-21 是冻融 50 次的混凝土冻融试验强度。从表 4-21 可知,混凝土冻融后比同期标养试件强度均有所降低。与普通混凝土相比,水镁石纤维混凝土的强度降低比例不同。其中,水镁石纤维混凝土抗压强度降低比例较普通混凝土少 7.89%,劈裂抗拉强度降低比例较普通混凝土少 4.53%。

表 4-21　混凝土冻融试验强度

| 混凝土类别 | 抗压强度/MPa | | 冻融样抗压强度降低比例/% | 劈裂抗拉强度/MPa | | 冻融样劈裂抗拉强度降低比例/% |
| --- | --- | --- | --- | --- | --- | --- |
| | 50 次冻融后 | 未冻融同龄期平行样 | | 50 次冻融后 | 未冻融同龄期平行样 | |
| FB 混凝土 | 51.33 | 53.40 | 3.88 | 5.25 | 5.39 | 2.60 |
| 普通混凝土 | 52.23 | 59.20 | 11.77 | 4.30 | 4.63 | 7.13 |

表 4-22 是经 51 周冻融的混凝土样冻融质量损失。从表 4-22 可知，水镁石纤维混凝土比普通混凝土的冻融质量损失稍低些，但二者相差不大，偏差在 3% 以内。因此，可以认为二者冻融的质量损失情况没有明显差别。

表 4-22　混凝土样冻融质量损失

| 时间 | FB 混凝土冻融质量损失/% | 普通混凝土冻融质量损失/% |
| --- | --- | --- |
| 9 周 | 3.22 | 3.29 |
| 18 周 | 7.79 | 7.96 |
| 27 周 | 9.20 | 9.34 |
| 36 周 | 9.46 | 9.21 |
| 45 周 | 10.23 | 9.96 |
| 48 周 | 11.00 | 11.01 |
| 51 周 | 12.03 | 12.24 |

### 4.3.8　弯曲疲劳性能

按照表 4-15 的配合比制备 32.5 FB 混凝土、42.5 FB 混凝土、52.5 FB 混凝土和 42.5 普通混凝土四组样，试件尺寸为 100mm×100mm×400mm，养护 90d 后在 Instron1346 电液伺服万能疲劳试验机上进行混凝土样的抗弯曲疲劳试验。

按四分点加载法加载，试件加载示意图见图 4-29。荷载为正弦曲线荷载，疲劳试验荷载示意图见图 4-30。荷载 $P$ 作用频率为 5～8Hz/s。

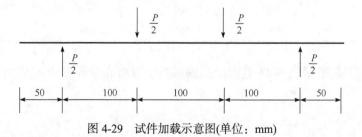

图 4-29　试件加载示意图(单位：mm)

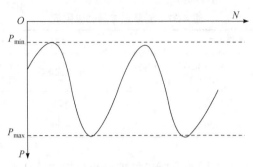

图 4-30　疲劳试验荷载示意图

　　与静载试验相同，试件从养护地点取出后及时进行试验。试验前使试件保持与养护地面相同的干湿状态。试验前先检查试件，如试件中部 1/3 长度内有蜂窝 (面积大于 7mm×2mm)，该试件应立即作废。在试件中部量出其宽度和高度，精确到 1mm。

　　先用棉花将试件表面的水和砂粒擦掉，然后调整两个可移动支座，使其与试验机下压头中心距离各为 100mm，将试件妥放在支座上。

　　在正式加载前，首先对试件施加 10kN 预加荷载，反复几次，以消除接触不良造成的误差，并使仪表运转正常，然后将荷载加到该应力水平下的上限荷载 $P_{max}$，循环两次，待稳定后进行交变试验。

　　本试验按 0.70、0.75、0.80、0.85、0.90 五个应力水平进行试验。试件的抗弯拉断面必须位于试件中部 100mm 的范围内，否则该试件的试验结果无效。如有两根试件的试验结果无效，则该组试验结果无效。每组试件的每个应力水平试验 6 个试件，试验结果取其平均值。

　　表 4-23 是混凝土样弯曲疲劳寿命试验结果。

表 4-23　弯曲疲劳寿命试验结果　　　　（单位：周次）

| 应力水平 | 32.5 FB 混凝土 | 42.5 FB 混凝土 | 52.5 FB 混凝土 | 42.5 普通混凝土 |
|---|---|---|---|---|
| 0.70 | 37587 | 71955 | 57562 | 48920 |
| 0.75 | 16815 | 32299 | 24720 | 19703 |
| 0.80 | 4451 | 8792 | 4237 | 604 |
| 0.85 | 2173 | 3857 | 1956 | 524 |
| 0.90 | 981 | 851 | 654 | 556 |

　　图 4-31 是根据表 4-23 数据绘制的混凝土弯曲疲劳寿命 $N$ 与应力水平 $S$ 的关系。

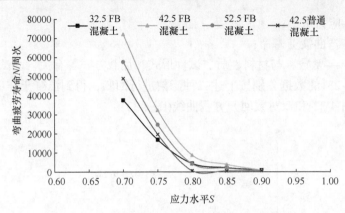

图 4-31　混凝土弯曲疲劳寿命与应力水平的关系

从表 4-23 和图 4-31 可以看出，混凝土样的弯曲疲劳寿命均随应力水平的升高而下降，在应力水平小于 0.80 时下降特别快，而大于 0.80 以后下降趋势变缓。

在同水泥标号的情况下，水镁石纤维混凝土较普通混凝土有较长的弯曲疲劳寿命。在 0.70 应力水平时，水镁石纤维混凝土的弯曲疲劳寿命高出普通混凝土 47%；在 0.80 应力水平时，水镁石纤维混凝土的弯曲疲劳寿命是普通混凝土的 14.6 倍；在 0.90 应力水平时，水镁石纤维混凝土的弯曲疲劳寿命高出普通混凝土 53%。因此可以认为，水镁石纤维混凝土较普通混凝土的弯曲疲劳寿命至少延长一半。

在低于 0.75 应力水平时，各试样的弯曲疲劳寿命排序为 42.5 FB 混凝土>52.5 FB 混凝土>42.5 普通混凝土>32.5 FB 混凝土，说明低应力水平下高水泥标号的混凝土弯曲疲劳寿命不一定长。

在材料的疲劳性能表征方面，一般将应力水平 $S$ 与弯曲疲劳寿命 $N$ 的关系绘制成 $S\text{-}N$ 曲线和 $P\text{-}S\text{-}N$ 曲线，二者统称为疲劳性能曲线。关于曲线的数学描述，研究者曾提出数十种方程，目前在疲劳可靠性设计和疲劳性能测试中比较常用的是单对数函数和双对数函数这两类函数。

(1) 单对数函数：

$$S=a+b\lg N \tag{4-2}$$

式中，$S$——应力水平(或称为应力比)；

　　　$N$——弯曲疲劳寿命；

　　　$a$、$b$——常数，与材料性质、试件形式和加载方式等有关，由试验确定。

(2) 双对数函数：

$$\lg S=a+b\lg N \tag{4-3}$$

式中，$S$——应力水平；

　　$N$——弯曲疲劳寿命；

　$a$、$b$——常数，与材料性质、试件形式和加载方式等有关，由试验确定。

　将表 4-23 的数据分别按上述二种函数进行回归，得到混凝土样单对数回归方程曲线(图 4-32)和双对数回归方程曲线(图 4-33)。

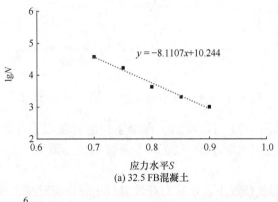

(a) 32.5 FB混凝土

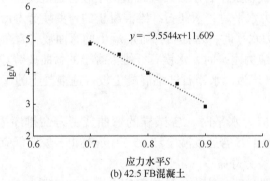

(b) 42.5 FB混凝土

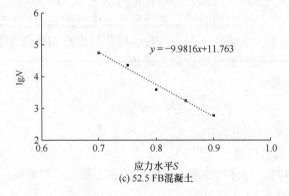

(c) 52.5 FB混凝土

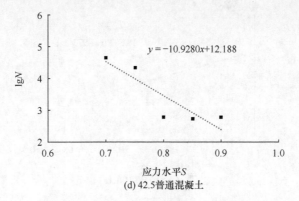

(d) 42.5普通混凝土

图 4-32　混凝土样单对数回归方程曲线

对于回归方程的检验，本小节采用相关系数比较法进行。表 4-24 是相关系数临界值表。表 4-25 及表 4-26 分别是单对数和双对数回归方程及其显著性检验结果。

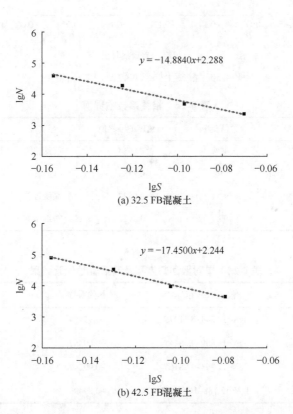

(a) 32.5 FB混凝土

(b) 42.5 FB混凝土

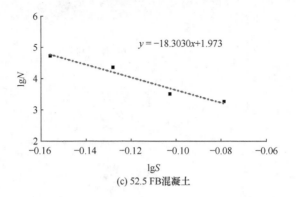

(c) 52.5 FB混凝土

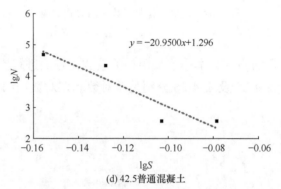

(d) 42.5普通混凝土

图 4-33    混凝土样双对数回归方程曲线

表 4-24    相关系数临界值

| 相关性参数 | 置信概率 | 自由度的临界值 | 显著性 | 标志 |
|---|---|---|---|---|
| $\alpha$=0.1 | 90% | 0.8054 | 线性相关 | * |
| $\alpha$=0.05 | 95% | 0.8783 | 显著 | ** |
| $\alpha$=0.01 | 99% | 0.9587 | 高度显著 | *** |
| $\alpha$=0.001 | 99.9 | 0.9912 | 特别显著 | **** |

表 4-25    单对数回归方程及其显著性检验结果

| 型号 | 单对数回归方程 | 相关系数 | 显著性 |
|---|---|---|---|
| 32.5 FB 混凝土 | $\lg N$=10.244−8.1107$S$ | −0.99454 | **** |
| 42.5 FB 混凝土 | $\lg N$=11.609−9.5544$S$ | −0.99457 | **** |
| 52.5 FB 混凝土 | $\lg N$=11.763−9.9816$S$ | −0.99247 | **** |
| 42.5  普通混凝土 | $\lg N$=12.188−10.9280$S$ | −0.89493 | ** |

**表 4-26　双对数回归方程及显著性检验结果**

| 型号 | 双对数回归方程 | 相关系数 | 显著性 |
|---|---|---|---|
| 32.5 FB 混凝土 | $\lg N=2.288-14.8840\lg S$ | −0.99588 | **** |
| 42.5 FB 混凝土 | $\lg N=2.244-17.4500\lg S$ | −0.99123 | **** |
| 52.5 FB 混凝土 | $\lg N=1.973-18.3030\lg S$ | −0.99303 | **** |
| 42.5 普通混凝土 | $\lg N=1.296-20.9500\lg S$ | −0.86571 | * |

从表 4-25 和表 4-26 可以看出，水镁石纤维混凝土的弯曲疲劳曲线不论是单对数回归方程还是双对数回归方程，均具有很高的线性相关显著性，说明这两种方程形式均能很好描述水镁石纤维混凝土的弯曲疲劳性能。为方程形式简单起见，推荐使用单对数回归方程。

(1) 32.5 水泥的水镁石纤维混凝土：$\lg N=10.244-8.1107S$；

(2) 42.5 水泥的水镁石纤维混凝土：$\lg N=11.609-9.5544S$；

(3) 52.5 水泥的水镁石纤维混凝土：$\lg N=11.763-9.9816S$。

# 第5章　水镁石纤维混凝土路面工程应用实例

## 5.1　包茂高速公路安康北路面试验段

包茂高速公路安康北路面工程项目是国家高速公路网包(头)茂(名)线陕西境安康段高速公路工程的一部分，列入陕西省基本建设计划。本项目路线起于陕西旬阳小河乡，接陕西柞水至小河乡高速公路终点，经茨沟、松坝，止于安康市尹家营。全线采用双向四车道标准建设，设计行车速度为 80km/h，路基宽度为24.5m。桥涵设计车辆荷载采用公路-Ⅰ级。工程由陕西省交通建设集团公司负责建设，在 N22 标段桩号 ZK170+490～ZK171+293 段路面和桩号 YK170+551～YK171+276 段路面铺设水镁石纤维混凝土试验路面。试验路面工程由陕西省交通建设集团安康高速公路管理处负责，长安大学提供技术支持，由陕西省公路勘察设计院于 2008 年 9 月设计，东盟营造工程有限公司负责施工，陕西公路交通科技开发咨询公司监理。路面工程施工时间为 2008 年 10 月至 2009 年 3 月。

### 5.1.1　工程简介

该试验段位于陕南山区，气候潮湿多雨，地形地貌和地基地质构造复杂。选择该路段考察水镁石纤维在潮湿气候和软地基基础条件下混凝土路面的适应性。

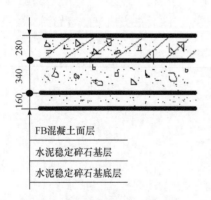

图 5-1　试验路断面结构(单位：mm)

设计车道标准轴载 100kN，设计基准期30 年，使用初期标准轴载日作用次数为15690 次，水泥混凝土路面设计基准期内设计车道标准轴载作用次数为 13960.35 万次。路面承受的交通等级为特重交通等级，试验路断面结构见图 5-1。FB 混凝土试验路断面结构：面层采用单层水镁石纤维混凝土，路面板标准板长 5.0m；基层采用水泥用量为 5%的水泥稳定碎石；基底层采用水泥用量为 4%的水泥稳定碎石。面层混凝土设计 28d 抗弯拉强度标准值 5.0MPa；抗弯拉弹性模量31GPa；室内坍落度控制在 20～50mm，采用集中拌和，汽车运输。水泥稳定碎石基层回弹模量 1000MPa，水泥稳定碎石基底层回弹模量 800MPa，土基回弹模量取 38MPa。除水镁石纤维混凝土面层材料外，其他材料及结构设计均按照《公路水泥混凝土路面施工技术细则》(JTG/T F30—2014)要求进行，水镁石纤维混凝土路面施工技术指南见第 8 章。

## 5.1.2　原材料及技术性能

### 1. 水泥

本试验路面采用的水泥为 SX 牌 P·O 52.5 普通硅酸盐水泥，主要物理性质见表 5-1。

**表 5-1　水泥的主要物理性质**

| 指标 | 细度/(m²/kg) | 标准稠度/% | 初凝时间/min | 终凝时间/min | 安定性/mm | 抗压强度/MPa | | 抗折强度/MPa | |
| --- | --- | --- | --- | --- | --- | --- | --- | --- | --- |
| | | | | | | 3d | 28d | 3d | 28d |
| 实测值 | 366 | 24.1 | 197 | 282 | 1.5 | 30.3 | 55.7 | 5.2 | 7.4 |
| 标准值 | >300 | — | ≥45 | ≤600 | <5.0 | ≥23.0 | ≥52.5 | ≥4.0 | ≥7.0 |

### 2. 粗集料

粗集料为安康当地石料厂产的二长岩碎石，最大粒径为 31.5mm，按 4.75～9.5mm、9.5～19.5mm、19.5～31.5mm 三个粒级掺配，掺配比例为 15∶30∶45。粗集料的颗粒级配和主要性质分别见表 5-2 和表 5-3。

**表 5-2　粗集料的颗粒级配**

| 筛孔尺寸/mm | 累计筛余实测质量分数/% | 规范值/% |
| --- | --- | --- |
| 31.50 | 3.6 | 0～5 |
| 26.50 | 26.6 | 20～35 |
| 19.00 | 49.5 | 40～60 |
| 16.00 | 68.4 | 60～75 |
| 9.50 | 80.2 | 75～90 |
| 4.75 | 96.8 | 90～100 |
| 2.36 | 99.1 | 95～100 |
| 筛底 | — | — |

**表 5-3　粗集料的主要性质**

| 指标 | 表观密度/(g/cm³) | 堆积密度/(g/cm³) | 孔隙率/% | 含泥量/% | 泥块含量/% | 粒径＞2.36mm颗粒量/% | 压碎指标值/% | 针片状含量/% | 碱活性/% |
|---|---|---|---|---|---|---|---|---|---|
| 实测值 | 2.656 | 1.54 | 42.0 | 0.4 | 0.1 | 0.9 | 13.1 | 8.4 | 0.028 |
| 规范值 | ＞2.5 | ＞1.35 | ＜47 | ＜1.0 | ＜0.2 | ＜5 | ＜15 | ＜15 | ＜0.1 |

3. 细集料

细集料采用安康当地产黄砂，细集料的颗粒集配和主要性质分别见表 5-4 和表 5-5。

**表 5-4　细集料的颗粒集配**

| 筛孔尺寸/mm | 筛分质量分数/% | 规范值/% |
|---|---|---|
| 9.50 | 0 | 0～0 |
| 4.75 | 5.2 | 0～10 |
| 2.36 | 17.5 | 0～25 |
| 1.18 | 40.0 | 10～50 |
| 0.60 | 58.6 | 41～70 |
| 0.30 | 80.8 | 70～92 |
| 0.15 | 96.9 | 90～100 |

**表 5-5　细集料的主要性质**

| 指标 | 细度模数 | 表观密度/(g/cm³) | 堆积密度/(g/cm³) | 孔隙率/% | 含泥量/% | 泥块含量/% |
|---|---|---|---|---|---|---|
| 实测值 | 2.82 | 2.657 | 1.584 | 40.4 | 0.6 | 0.2 |
| 规范值 | 2.3～3.0 | ＞2.5 | ＞1.35 | ＜47 | ＜2.0 | ＜1.0 |

4. 减水剂

本次试验使用两种减水剂：西安市某混凝土外加剂厂生产的 HQ-UNF 型萘系高效减水剂和陕西某建筑科技有限公司生产的 F 型复合外加剂。实测减水率为 15%～17%，其他指标符合相关标准。

5. 纤维

采用陕西某水镁石加工厂产水镁石纤维，经国家非金属矿制品质量监督检验中心检验，符合设计技术要求。水镁石纤维检验结果见表 5-6。

表 5-6 水镁石纤维检验结果

| 序号 | 检验项目 | 计量单位 | 标准要求 | 检验结果 |
|---|---|---|---|---|
| 1 | 0.4mm 筛余量 | % | ≥42 | 66.0 |
| 2 | 砂含量 | % | ≤1.5 | 0 |

试验中对比纤维为钢纤维，由上海某金属制品有限公司生产，见图 5-2，主要性能见表 5-7。

图 5-2 钢纤维

表 5-7 钢纤维的主要性能

| 纤维种类 | 纤维型号 | 材质 | 执行标准 | 抗拉强度/MPa | 纤维长度/mm | 纤维宽度/mm | 纤维外形 |
|---|---|---|---|---|---|---|---|
| 钢锭铣削型钢纤维 | AMI04-32-600 | BXYA2004-248 St 52-3 | YB/T 151—2017 | >700 | 32.0±1.0 | 2.6±1.2 | 外弧面光滑，内弧面粗糙 |

### 5.1.3 水镁石纤维混凝土配合比

1. 实验仪器设备

1) 称量仪器

磅秤：最大可称量 100kg，最小刻度 50g。

量筒：最大容积 1L，最小刻度 10mL。

台秤：最大可称量 5kg，最小刻度 5g。

2) 成型设备

砂浆搅拌机：UJZ-15 型，容量 10L。

强制式混凝土搅拌机：最大容量 50L，电动机功率 3kW。

电动振实台：6611 型，振动面尺寸 $1m^2$，电动机功率 3kW，振动频率 50Hz，空载振幅约为 0.5mm。

成型试模：抗压强度试件尺寸 100mm×100mm×100mm；抗弯拉强度试件尺寸 150mm×150mm×500mm。

3) 数据测定仪器

坍落度测定仪器：坍落度筒、捣棒、小铲、木尺、钢尺等。

抗压强度测定仪器：YE-2000 型压力试验机。

抗弯拉强度测定仪器：WE-100B 型万能材料试验机。

2. 主要施工设备

(1) 混凝土拌和设备：JS500 双辊轴卧式强制式混凝土搅拌机组两台，各容积 500L，功率 24kW，生产能力 20～30m³/h。

(2) 运输设备：4t 自卸式卡车。

(3) 摊铺设备：三辊轴式混凝土路面整平机，配插入式振捣棒组。

3. 路面混凝土配合比设计

在路面设计的基础上，依据《公路水泥混凝土路面施工技术细则》(JTG/T F30—2014)、《公路水泥混凝土路面设计规范》(JTG D40—2011)、《公路工程水泥及水泥混凝土试验规程》(JTG 3420—2020)，进行混凝土配合比设计研究。

首先参考相邻标段水泥混凝土所用主要原材料及配合比，在长安大学实验室进行路面混凝土材料配合比研究，得到满足工程要求的初步配合比，以现场实际原材料进行混凝土试拌和调整，得到基准配合比；然后以基准配合比为基础，增加和减少水灰比，通过试件制备和强度测定，得到初步的实验室配合比。在施工单位工地实验室进行试拌，同时在管理处中心实验室和监理单位实验室进行验证，确定最终实验室配合比。施工时根据工地材料的实际含水率，将实验室配合比换算为施工配合比。

为了更好地发挥水镁石纤维在路面水泥混凝土中的作用，研究了两种纤维添加工艺的影响，并与相邻标段的钢纤维混凝土进行对比。

表 5-8 是不同纤维应用方法的混凝土试验配合比及现场混凝土留样性能。从表 5-8 可知，水镁石纤维湿法应用工艺明显优于干法应用工艺。与相邻标段的钢纤维混凝土路面相比，采用水镁石纤维干法应用工艺时每方混凝土材料成本不足钢纤维混凝土的 44%，采用湿法工艺时每方混凝土可减少水泥用量近 100kg，材

料成本仅为钢纤维混凝土成本的 39% 左右。

**表 5-8　不同纤维应用方法的混凝土试验配合比及现场混凝土留样性能**

| 纤维种类 | 应用方法 | 水泥用量/(kg/m³) | 纤维用量/(kg/m³) | 坍落度/mm | 28d 抗弯拉强度/MPa | 材料成本/(元/m³) |
|---|---|---|---|---|---|---|
| 水镁石纤维 | 湿法 | 387 | 15.6 | 40 | 7.4 | 414.4 |
| | 干法 | 465 | 20 | 35 | 6.2 | 461.5 |
| 钢纤维 | 干法 | 485 | 55 | 30 | 6.5 | 1060.1 |

### 5.1.4　水镁石纤维混凝土路面施工及养护

1. 水镁石纤维在混凝土中的应用工艺

水镁石纤维在水泥混凝土中的添加按照干法和湿法两种工艺进行。干法外加剂采用 HQ-UNF 萘系高效减水剂，湿法外加剂采用 F 型复合外加剂。

水镁石纤维干法添加工艺为水泥、砂、石、外加剂和纤维同时投入料斗干拌1min，之后加水拌和 2min 出料。水镁石纤维干法添加工艺示意图见图 5-3。

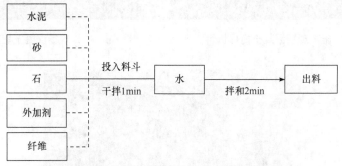

图 5-3　水镁石纤维干法添加工艺示意图

水镁石纤维湿法添加工艺为纤维、部分水和外加剂先在室内搅拌 0.5min 进行纤维分散处理，得到纤维膏，之后运至现场与水泥、砂、石、剩余部分水投入料斗搅拌 2.5min 后出料。水镁石纤维湿法添加工艺示意图见图 5-4。

图 5-4　水镁石纤维湿法添加工艺示意图

### 2. 水镁石纤维混凝土拌和物搅拌及运输

混凝土面层施工前先进行混凝土搅拌机给料系统的标定和混凝土试拌，以便确定设备实际工作参数。

施工时将混凝土施工配合比折算为每料斗材料量，设定计量和搅拌参数，由计算机自动控制配料称量，在混凝土搅拌机中进行混凝土拌和物搅拌。

搅拌现场距离施工现场不超过 300m，采用自卸式卡车运输，每次运输时间大约为 1.5min。混凝土搅拌、坍落度测定及运输的部分照片见图 5-5～图 5-7。

图 5-5　施工现场混凝土搅拌机组

图 5-6　搅拌现场混凝土坍落度测定

图 5-7　新拌混凝土卸料装车

### 3. 混凝土面层施工及养护

本试验路面采用人工布料，用插入式振捣棒组振实，三辊轴机组铺筑混凝土面板。作业单元的长度为 20～30m，振实和整平两道工序之间的时间间隔不超过 15min。施工的部分照片见图 5-8～图 5-11。

图 5-8　自卸卡车卸料

图 5-9　施工现场留混凝土试样

图 5-10　混凝土振捣

图 5-11　混凝土路面辊压

　　混凝土路面铺筑完成后，按规范要求采用保湿覆盖的方式进行养护，并定期洒水，保持路面始终处于湿润状态，持续养护 14～21d。施工中的路面照片见图 5-12～图 5-14。

图 5-12　施工中的路面照片(一)

图 5-13　施工中的路面照片(二)

图 5-14　施工中的路面照片(三)

4. 应用效果

　　整个工程已于 2009 年 6 月通车使用。经过两年多的应用效果考察，整个试验段使用性能良好，未发现明显裂缝和破损(图 5-15～图 5-20)。

图 5-15　通车两周后的路面

图 5-16　通车两个月后的路面

图 5-17　通车半年的路面

图 5-18　通车一年的路面

图 5-19　通车一年半的路面　　　　　　图 5-20　通车两年半的照片

经施工单位计算，长度 1.5km 的水镁石纤维混凝土试验路面段较钢纤维混凝土可节省投资近 400 万元。

## 5.2　宜瓦高速公路铁龙湾隧道路面试验段

随着公路建设的发展，特别是山区高速公路的迅猛发展，公路隧道里程越来越长。隧道路面的结构形式一般分为水泥混凝土路面和沥青混凝土路面。由于沥青具有可燃性，人们对隧道沥青路面在火灾中的安全性一直存在争议。水泥混凝土路面作为一种高级路面结构形式，具有施工方便、造价低、耐久性能好、浅色路面有利于照明、能源消耗少、有利于防火安全等优点[133]。因此，我国目前已建成的大部分二级、三级、四级公路隧道及大部分一级公路隧道、高速公路隧道采用水泥混凝土路面。大力发展水泥混凝土路面是当前我国公路建设的客观需求，是节约能源、保护环境、促进经济发展的重要举措[134-136]。

水泥混凝土路面包括普通水泥混凝土路面、钢纤维混凝土路面和连续配筋混凝土路面，以水镁石纤维混凝土铺筑隧道路面尚未见报道。本节依托宜瓦线陕西境壶口至雷家角高速公路铁龙湾隧道工程，进行水镁石纤维增强普通水泥混凝土路面铺筑试验，取得良好效果。

### 5.2.1　工程简介

青岛至兰州公路陕西境壶口至雷家角高速公路是国家高速公路网规划"7918"中一条东西横向线的一段，也是陕西省"三纵四横五辐射"高速公路网的重要组成部分。本项目起于宜川县晋陕界的县川口，止于陕甘界的雷家角，设计行车速度分段采用 80km/h 和 100km/h，路基宽度分别为 24.5m 和 26m，路线全长 185.015km。工程由陕西省交通建设集团公司负责建设，于 2008 年 8 月开工，于 2010 年建成通车。在桩号 ZK39+685～ZK40+794 段铁龙湾隧道中铺设水镁石纤维混凝土试验路面，由陕西省公路勘察设计院设计，长安大学提供技术支持，中铁三局六公司施工。试验段全长 1.1km，施工时间为 2009 年 6～8 月。

该试验段位于陕北黄土高原丘陵地带，干旱少雨，昼夜及冬夏温差大。由于陕北煤炭资源开发，该地段重载车多。选择该路段对水镁石纤维道路混凝土的抗干燥收缩能力、温差变形能力和承重载能力进行考察。

该试验段的设计行车速度、路面承受的交通等级、设计抗弯拉强度等与安康北路面试验段相同。设计车道使用初期标准轴载日作用次数为 56260 次，水泥混凝土路面设计基准期内设计车道标准轴载作用次数为 5377.906 万次。路面结构设计总厚度为 48cm，其中面层为 28cm 厚水镁石纤维混凝土，路面基层为 C15 水泥混凝土，厚度为 20cm。路面宽度为 8.2m，路面板标准板长为 5.0m。混凝土施工坍落度控制在 20～50mm。混凝土中纤维仍采用湿法添加工艺，但强化了纤维的湿法加工处理，研究降低水泥标号、减少水泥用量和纤维用量等的应用效果。除水镁石纤维混凝土面层材料外，其他材料及结构设计均按照《公路水泥混凝土路面施工技术细则》(JTG/T F30—2014)要求进行，水镁石纤维混凝土路面施工技术指南见第 8 章。

### 5.2.2 原材料及技术性能

1. 水泥

SX 牌 P·O 52.5 普通硅酸盐水泥及 YB 牌 P·O 42.5R 普通硅酸盐水泥性能均满足规范要求。

2. 粗集料

粗集料为蒲城石灰岩碎石，$1^{\#}$粒径为 26.5～19.0mm，$2^{\#}$粒径为 19.0～9.5mm，$3^{\#}$粒径为 9.5～4.75mm，按 $1^{\#}:2^{\#}:3^{\#}$=0.5:0.4:0.1 的质量比例配制成 4.75～26.5mm 连续级配，筛析结果见表 5-9。

表 5-9　粗集料筛析结果

| 粒径/mm | 累计筛余规范值/% | 累计筛余实测值/% |
| --- | --- | --- |
| 31.5 | 0 | 0 |
| 26.5 | 0～5 | 2.0 |
| 19.0 | 25～40 | 39.0 |
| 16.0 | 50～70 | 55.7 |
| 9.5 | 70～90 | 88.6 |
| 4.75 | 90～100 | 98.9 |
| 2.36 | 95～100 | 99.8 |
| 筛底 | — | 100.0 |

3. 细集料

细集料为灞河中粗河砂，细度模数为 2.9，性能满足规范要求。

4. 纤维

X 型水镁石纤维，0.4mm 筛余量不大于 42%，砂粒量不小于 1.5%。

5. 外加剂

F 型复合外加剂液，固含量为 29%，陕西某建筑科技有限责任公司产，质量符合《混凝土外加剂》(GB/T 8076—2008)高效减水剂质量标准。

6. 水

自来水，水质满足规范要求。

### 5.2.3　水镁石纤维混凝土配合比

1. 仪器设备

(1) JY1-60 型小型混凝土搅拌机：容量 60L，功率 0.9kW。

(2) ZS-15 型试体成型振动台：符合《水泥胶砂试体成型振实台》(JC/T 682—2022)。

(3) KIJ-500 型电动抗弯拉试验机：最大负荷 5000N，精度 1%。

(4) JYL-2000 压力试验机：2 级精度。

(5) 试验器材：150mm×150mm×150mm 混凝土抗压强度试模、150mm×150mm×500mm 混凝土抗弯拉强度试模、坍落度筒、振捣棒、钢尺、量筒等。

2. 试验方法

(1) 纤维膏配制：水镁石纤维应用前先与外加剂液和部分水按质量比为纤维∶外加剂∶水=0.4∶0.385∶0.215 的比例搅拌混合，配制成纤维膏，以纤维膏的形式在混凝土拌和时应用。

(2) 配合比计算：根据路面混凝土设计强度值、原料性能、施工和应用要求，依据《公路水泥混凝土路面设计规范》(JTG D40—2011)和《公路水泥混凝土路面施工技术细则》(JTG/T F30—2014)选取有关系数，计算配制混凝土 28d 抗弯拉强度及材料用量参考值。由于水镁石纤维加入后混凝土性能有所变化，实验室同时参考相邻工程实际数据进行材料配合比试验。

(3) 混凝土拌和成型：将砂、石、水泥及纤维膏投入混凝土搅拌机中搅拌 0.5min 后加入剩余水，搅拌 2min，立即测定其坍落度，并浇注模具，振动成型标准要求试件，在标准情况下进行养护，至规定龄期后进行力学性能测试。

(4) 新拌混凝土工作性能测试：按照行业标准《公路工程水泥混凝土试验细则》(JTG/T F30—2014)的方法，测定新拌混凝土的坍落度、黏聚性和保水性。

(5) 硬化混凝土强度试验：按照行业标准《公路工程水泥混凝土试验细则》(JTG/T F30—2014)的方法进行硬化混凝土的抗压强度和抗弯拉强度测试。

3. 混凝土配合比研究

1)水泥强度等级选择

试验中参考相邻工程的混凝土配合比数据，选取 SX 牌 P·O 52.5 普通硅酸盐水泥及 YB 牌 P·O 42.5R 普通硅酸盐水泥进行对比试验。试验除水泥品种不同外，其余条件均相同。试验基本配合比和水泥对比试验结果分别见表 5-10 和表 5-11。

表 5-10　水泥强度等级选择试验基本配合比

| 水泥用量/(kg/m³) | 水用量/(kg/m³) | 砂用量/(kg/m³) | 石用量/(kg/m³) | 纤维膏用量/(kg/m³) |
|---|---|---|---|---|
| 387 | 140 | 734 | 1148 | 41 |

表 5-11　水泥对比试验结果

| 水泥品种 | 坍落度/mm | 抗弯拉强度/MPa | | 抗压强度/MPa | |
|---|---|---|---|---|---|
| | | 7d | 28d | 7d | 28d |
| 52.5 | 80 | 6.7 | 7.0 | 49.3 | 56.6 |
| 42.5R | 60 | 5.8 | 7.0 | 47.0 | 54.0 |

从表 5-11 可知，P·O 42.5R 水泥与 P·O 52.5 水泥 28d 达到相同抗弯拉强度，已完全能够满足工程要求。从成本的角度考虑，优选 P·O 42.5R 普通硅酸盐水泥。

2) 水泥用量

为了确定最佳水泥用量，对 P·O 42.5R 水泥的两种不同用量进行了对比试验。水泥用量试验配合比和试验结果分别见表 5-12 和表 5-13。

表 5-12　水泥用量试验配合比

| 编号 | 水泥用量/(kg/m³) | 水用量/(kg/m³) | 砂用量/(kg/m³) | 石用量/(kg/m³) | 纤维膏用量/(kg/m³) |
|---|---|---|---|---|---|
| 1 | 350 | 142 | 727 | 1185 | 35 |
| 2 | 387 | 140 | 734 | 1148 | 41 |

**表 5-13　水泥用量试验结果**

| 编号 | 水泥用量/(kg/m³) | 坍落度/mm | 抗弯拉强度/MPa | | 抗压强度/MPa | |
|---|---|---|---|---|---|---|
| | | | 7d | 28d | 7d | 28d |
| 1 | 350 | 30 | 6.0 | 6.8 | 44.1 | 52.6 |
| 2 | 387 | 60 | 5.8 | 7.0 | 47.0 | 54.0 |

从试验结果看，水泥用量在 350kg/m³ 时 28d 抗弯拉强度达到 6.8MPa，也已经满足设计要求。从降低成本和降低水泥用量的角度考虑，优选水泥用量为 350kg/m³。

3) 纤维用量

为进一步降低成本，进行了降低纤维用量的试验。由于纤维膏中含有减水剂，降低纤维膏用量会使减水剂用量减少，可能会对混凝土的流动性不利，因此拟通过提高砂率的方法增加混凝土的流动性。试验配合比和试验结果分别见表 5-14 和表 5-15。

**表 5-14　纤维用量试验配合比**

| 砂率 | 水用量/(kg/m³) | 砂用量/(kg/m³) | 石用量/(kg/m³) | 纤维膏用量/(kg/m³) |
|---|---|---|---|---|
| 0.40 | 148 | 777 | 1185 | 28 |
| 0.38 | 142 | 727 | 1185 | 35 |

**表 5-15　纤维用量试验结果**

| 砂率 | 坍落度/mm | 抗弯拉强度/MPa | | 抗压强度/MPa | |
|---|---|---|---|---|---|
| | | 7d | 28d | 7d | 28d |
| 0.40 | 30 | 6.1 | 6.9 | 47.4 | 51.7 |
| 0.38 | 30 | 6.0 | 6.8 | 44.1 | 52.6 |

从表 5-14 和表 5-15 可以看出，减少纤维膏用量的同时增加砂率，混凝土的坍落度保持不变，28d 抗弯拉强度也可满足工程设计要求。

4) 施工配合比确定

参考实验室配合比，考虑留有一定余地，以水泥用量 360kg/m³、纤维膏用量 36kg/m³ 为基准进行施工配合比试验。通过适度调整水灰比进行试验，每立方米混凝土原材料用量见表 5-16。各配合比试样工作性能见表 5-17。

表 5-16　每立方米混凝土原材料用量

| 试样编号 | 水泥用量/kg | 水用量/kg | 砂用量/kg | 1#石用量/kg | 2#石用量/kg | 3#石用量/kg | 纤维膏用量/kg |
|---|---|---|---|---|---|---|---|
| 1 | 360 | 142 | 727 | 593 | 474.4 | 118.6 | 36 |
| 2 | 360 | 128 | 727 | 593 | 474.4 | 118.6 | 36 |
| 3 | 360 | 119 | 727 | 593 | 474.4 | 118.6 | 36 |

表 5-17　各配合比试样工作性能

| 试样编号 | 初始坍落度/mm | 30min 坍落度/mm | 黏聚性 | 保水性 | 评价 |
|---|---|---|---|---|---|
| 1 | 170 | 150 | 好 | 好 | 流动性过大 |
| 2 | 180 | 180 | 好 | 好 | 流动性过大 |
| 3 | 35 | 10 | 好 | 好 | 合适, 优选 |

从表 5-17 可知, 混凝土拌和物的保坍性均较好, 黏聚性和保水性也较好。1 号和 2 号试样流动性过大, 3 号试样流动性满足施工要求。3 号试样经过留样养护及性能测试, 试验结果见表 5-18。

表 5-18　3 号试样混凝土性能试验结果表

| 水泥用量 /(kg/m³) | 坍落度/mm | 抗弯拉强度/MPa | | 抗压强度/MPa | |
|---|---|---|---|---|---|
| | | 7d | 28d | 7d | 28d |
| 360 | 35 | 6.14 | 9.89 | 50.30 | 56.20 |

从表 5-18 可知, 3 号试样配合比工作性能满足要求, 28d 抗弯拉强度很高, 达到 9.89MPa, 远高于设计强度要求。混凝土 28d 抗压强度和抗弯拉强度的比值为 56.20/9.89≈5.68, 混凝土的韧性较一般混凝土韧性高。因此, 优选 3 号试样的配合比为施工基准配合比。

施工时, 根据现场原料情况及混凝土密度变化, 适当调整水泥用量及配合比 (河砂含水率为 8%, 石灰岩粗集料含水率为 2%)换算成施工配合比, 见表 5-19。

表 5-19　施工配合比

| 原料 | 实验室用量/(kg/m³) | 施工现场用量/(kg/m³) |
|---|---|---|
| 水泥 | 367 | 367 |
| 水 | 121 | 33 |
| 砂 | 744 | 808 |
| 1#石 | 605 | 617 |
| 2#石 | 484 | 494 |
| 3#石 | 121 | 123 |
| 纤维膏 | 36.7 | 36.7 |

此施工配合比折算质量比例为水泥：水：砂：石：纤维膏=1：0.33：2.03：3.30：0.10。按施工配合比及纤维膏中纤维含量计算，每立方米混凝土水镁石纤维用量为 36.7kg×40%≈14.7kg。按液体外加剂固含量计算，每立方米混凝土固体减水剂用量为 36.7kg×38.5%×29%≈4.1kg，约占水泥用量的 1.1%。考虑纤维膏的用水量及液体减水剂的含水量，每立方米混凝土用水量为 121kg+36.7kg×21.5%+36.7kg×31.8%×(1-29%)≈137.2kg。混凝土水灰比约为 0.38。

### 5.2.4　水镁石纤维混凝土隧道路面施工

根据《公路水泥混凝土路面施工技术细则》(JTG/T F30—2014)要求，选择并准备好施工机械和人力，保证施工中原材料的连续供应。在路基、基层质量满足质量要求的基础上进行隧道路面混凝土施工。

混凝土拌和采用强制式混凝土拌和机。严格控制混凝土的配料比例，尤其是严格控制用水量。水镁石纤维混凝土拌和的投料顺序为砂+石+水泥+纤维膏→投入料斗→提升入搅拌机→搅拌 1min→加水拌和 2.5min→出料。

混凝土运输采用自卸汽车运输，摊铺成型采用国产三辊轴水泥混凝土摊铺整平机。三辊轴机组铺筑面层工艺流程按《公路水泥混凝土路面施工技术细则》(JTG/T F30—2014)规定的顺序施工。

施工工艺流程为支模→拉杆传力杆安装→布料→密集排振→人工补料→三辊轴整平→精平饰面→拉毛→切缝→养护→硬刻槽→填缝。

图 5-21 和图 5-22 分别是水镁石纤维混凝土隧道路面的施工中和施工作业完成后的照片。

图 5-21　施工中隧道路面　　　　　　图 5-22　施工作业后的隧道路面

隧道路面铺筑完成后立即开始养护。本试验路面采用洒水保湿的方法进行养护，保持路面始终处于湿润状态，持续养护 14d，并采取草帘覆盖。

施工养护完成后经检查，试验段混凝土路面平整、光滑，没有出现大的缺陷，如图 5-23 所示。

根据甲方要求，后来在隧道水泥混凝土路面基础上加铺了 5cm 的沥青面层，以利于全线路面统一。全路工程于 2010 年 11 月建成通车，通车后路面照片见图 5-24～图 5-27。

图 5-23　施工养护完成后的隧道路面

图 5-24　通车后隧道一侧洞口路面

图 5-25　通车后的隧道内部路面

图 5-26　通车后隧道另一侧洞口路面

图 5-27　通车运行后的隧道路面

　　为了分析水镁石纤维对混凝土性能的作用,将水镁石纤维与钢纤维进行对比试验,配合比如表 5-20 所示。其中,钢纤维采用钢锭铣削型,符合《混凝土用钢纤维》(YB/T 151—2017),钢纤维混凝土采用传统的萘系高效减水剂;水镁石纤维以纤维膏的形式加入,水镁石纤维用量及减水剂用量根据纤维膏成分计算得到。现场混凝土留样性能测试结果见表 5-21。

表 5-20　水镁石纤维与钢纤维对比试验配合比

| 纤维种类 | 水泥标号 | 水泥用量/(kg/m³) | 纤维用量/(kg/m³) | 减水剂用量/% | 水灰比 | 砂率/% |
|---|---|---|---|---|---|---|
| 水镁石纤维 | 42.5 | 367 | 14.7 | 1.1 | 0.38 | 0.38 |
| 钢纤维 | 52.5 | 485 | 55.0 | 1.0 | 0.40 | 0.35 |

表 5-21　现场混凝土留样性能测试结果

| 纤维种类 | 坍落度/mm | 7d 抗弯拉强度/MPa | 28d 抗弯拉强度/MPa | 材料成本/(元/m³) |
|---|---|---|---|---|
| 水镁石纤维 | 30 | 6.01 | 9.86 | 353 |
| 钢纤维 | 10 | 6.40 | 7.50 | 1060 |

　　通过对比试验可知,水镁石纤维混凝土在水泥强度等级降低、水泥用量减少且纤维用量也较少的情况下,抗弯拉强度较钢纤维混凝土还有较大提高。其原因主要是水镁石纤维较钢纤维纤细得多,且纤维很短,更容易在混凝土中分散,纤维在混凝土中呈现弥散分布状态,有利于其增强作用的发挥。纤维混凝土断面对比照片如图 5-28 所示。

 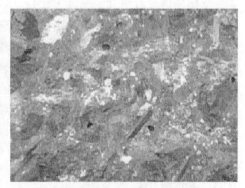

(a) 水镁石纤维混凝土断面SEM照片　　(b) 钢纤维混凝土断面数码光学照片

图 5-28　纤维混凝土断面对比照片

从成本角度分析,水镁石纤维混凝土较钢纤维混凝土材料成本大幅度降低,成本仅为钢纤维混凝土材料成本的 1/3(表 5-21),整个试验段节省经费180 万元。

经过水泥强度等级、水泥用量、纤维用量及配合比调整试验,确定隧道路面混凝土的施工配合比质量比例水泥:水:砂:石:纤维膏为 1:0.33:2.03:3.30:0.10。在满足工程设计要求的情况下,与钢纤维混凝土相比,水镁石纤维混凝土在所用水泥强度等级降低、水泥用量及纤维用量减少的情况下,抗弯拉强度还有较大提高,材料成本不足钢纤维混凝土的1/3。

## 5.3　铜川农村公路路面工程试验段

本节进行了水镁石纤维混凝土农村公路路面工程应用试验,研究低水泥标号、低水泥用量情况下水镁石纤维混凝土性能的影响因素,筛选最佳混凝土配合比,并进行混凝土路面施工。研究发现,采用低水泥标号、低水泥用量情况下,水镁石纤维混凝土的性能仍能满足农村公路工程技术要求,且应用效果良好。水镁石纤维混凝土施工工艺与普通水泥混凝土路面基本相同,与无纤维的普通混凝土相比,水镁石纤维混凝土中水泥用量大幅度减少,混凝土抗弯拉强度高。影响水镁石纤维混凝土性能的主要因素有水灰比、矿粉掺量、集料搭配、胶凝材料及纤维膏用量等。试验表明,较小的水灰比、较大的胶凝材料和纤维膏用量、掺加矿粉、采用合适的集料搭配等均有利于混凝土强度的提高。

农村公路是支撑农业和农村经济社会发展的基础设施,在增加农民收入、刺激商业活动、加强地区之间的联系与沟通、提高生活质量、推进城镇化建设和新农村建设等方面具有非常积极的作用。农村公路的建设,对于推动农村经济社会又好又快发展具有极其重要的现实意义和深远的历史意义。近年来,我国农村公路建设发展很快。农村公路的主要路面形式是水泥混凝土路面,这与水泥混凝土路面造价较低、施工简便、养护工作量较少、耐久性能较好等因素有关。水泥混凝土的固有弱点是脆性较大,不抗折,容易产生裂缝而使路面结构破坏。水镁石纤维是我国的特色矿产资源,具有较高的抗弯拉强度和韧性,并且与水泥结合强度和相容程度较好。以水镁石纤维作为混凝土的增强材料,可以降低水泥混凝土的脆性。本节以铜川农村公路试验段工程为依托,研究水镁石纤维用于农村公路路面混凝土的工程使用效果。

### 5.3.1　工程简介

铜川市哭泉至雷塬四级公路改建工程路线全长 43.926km,起于宜君县哭泉乡接 G210,途经塔庄村、水沟村、棋盘镇、乱石滩、康家河、寺天,止于雷塬乡，是铜川市一条重要的通乡公路。在哭雷公路中选取 500m 长的地段进行水镁石纤维混凝土路面铺设试验。路面结构设计的详情见表 5-22。

表 5-22　铜川农村公路试验段路面结构设计

| 位置 | 长度/m | 路面宽度/m | 结构 | 水镁石纤维混凝土路面设计抗弯拉强度及工作性能 |
|---|---|---|---|---|
| 铜川农村公路试验段 | 500 | 7.5 | 30cm 水泥稳定就地冷再生基层+沥青封层+18cm 水镁石纤维混凝土路面 | 4.5MPa 强度等级，施工坍落度 10～50mm |

### 5.3.2　原材料及技术性能

**1. 水泥**

采用 KS 和 YZ 两个水泥厂产的 P·C 32.5 复合硅酸盐水泥，其性能指标均满足相关规范要求。

**2. 矿粉**

S95 级矿粉，性能指标满足规范要求。

**3. 碎石**

石灰岩碎石，粒径采用 1 号(5～25mm)、2 号(10～30mm)两个级配合成，技术指标满足规范要求。

**4. 砂**

渭河砂，技术指标满足规范要求。

**5. 外加剂**

F 型复合外加剂液，陕西某建筑科技有限责任公司产，质量符合《混凝土外加剂》(GB/T 8076—2008)高效减水剂质量标准。

**6. 水**

自来水，水质满足规范要求。

**7. 纤维**

X 型水镁石纤维，0.4mm 筛余量不大于 42%，砂粒量不小于 1.5%。

### 5.3.3 水镁石纤维混凝土配合比

#### 1. 仪器设备

(1) JY1-60 型小型混凝土搅拌机：容量 60L，功率 0.9kW。

(2) ZS-15 型试体成型振动台：符合《水泥胶砂试体成型振实台》(JC/T 682—2022)。

(3) KIJ-500 型电动抗弯拉试验机：最大负荷 5000N，精度 1%。

(4) JYL-2000 压力试验机：2 级精度。

(5) 试验器材：150mm×150mm×150mm 混凝土抗压强度试模、150mm×150mm×500mm 混凝土抗弯拉强度试模、坍落度筒、振捣棒、钢尺、量筒等。

#### 2. 试验方法

##### 1) 纤维膏配制

水镁石纤维应用前先与外加剂液和部分水按质量比为纤维：外加剂液：水=0.40∶0.33∶0.27 的比例搅拌混合，配制成纤维膏，以纤维膏的形式在混凝土拌和时应用。

##### 2) 配合比计算

根据路面混凝土设计强度值、原料性能及施工和应用要求，依据《公路水泥混凝土路面设计规范》(JTG D40—2011)和《公路水泥混凝土路面施工技术细则》(JTG/T F30—2014)选取有关系数，计算配制混凝土 28d 抗弯拉强度值及材料用量参考值。由于水镁石纤维加入后混凝土性能有所变化，试验时控制坍落度，取水灰比、用水量及胶凝材料用量为一个范围值。矿粉的水泥取代系数为1，湿纤维膏用量取胶凝材料用量的 10%。其他参数值见表 5-23。

表 5-23　配合比计算参数值

| 拟配制抗弯拉强度 | 水灰比 | 用水量/(kg/m³) | 胶凝材料用量/(kg/m³) | 混凝土密度/(kg/m³) | 砂率/% |
|---|---|---|---|---|---|
| 5.38MPa | 0.36~0.60 | 115~145 | 250~300 | 2430 | 38 |

##### 3) 混凝土拌和成型

拌和成型的步骤：砂、石、水泥、矿粉及纤维膏→投入混凝土搅拌机→搅拌0.5min→加水搅拌 2min→立即测定其坍落度→浇注模具→振动成型标准试件→在标准情况下进行养护至规定龄期→力学性能测试。

##### 4) 新拌混凝土工作性能测试

按照行业标准《公路工程水泥及水泥混凝土试验规程》(JTG 3420—2020)中的方法测定新拌混凝土的坍落度、黏聚性和保水性。

5) 硬化混凝土强度试验

按照《公路工程水泥及水泥混凝土试验规范》(JTG 3420—2020)的方法进行硬化混凝土的抗压强度和抗弯拉强度测试。

3. 混凝土影响因素研究

1) 不同品牌水泥的对比

对 KS 和 YZ 两种水泥进行对比试验。表 5-24 是两个不同品牌水泥的混凝土坍落度及 7d 抗弯拉强度试验结果。

表 5-24　不同品牌水泥试验结果

| 水泥用量/(kg/m³) | 坍落度/mm | | | 7d 抗弯拉强度/MPa | | |
|---|---|---|---|---|---|---|
| | KS | YZ | 差异值 | KS | YZ | 差异值 |
| 250 | 0 | 0 | 0 | 2.70 | 2.60 | 0.10 |
| 270 | 0 | 20.00 | 20.00 | 2.80 | 3.20 | 0.40 |
| 300 | 20.00 | 20.00 | 0 | 3.10 | 3.20 | 0.10 |
| 平均值 | 6.67 | 13.33 | 6.67 | 2.87 | 3.00 | 0.13 |

从表 5-24 直观观察可知，两种水泥所制混凝土的坍落度及 7d 抗弯拉强度没有很大的差异。为了确切了解上述试验数据的差异是偶然误差引起的还是水泥品牌不同引起的，本小节通过数理统计方法对试验数据进行假设检验。

假设检验也称为显著性检验 (test of statistical significance)，可以用来判断样本与样本、样本与总体的差异是抽样误差(偶然误差)引起的还是本质差别引起的。其基本原理是先对总体的特征作出某种假设，然后通过抽样研究的统计推理，对此假设应该被拒绝还是接受作出推断。

由于试验是在相同的试验条件下进行的，且样本数较少，因此略去 $F$ 检验(认为试验的精密度相同)，直接采用 $T$ 检验进行分析。

设两种水泥试验结果的期望值为 $\mu_1$ 和 $\mu_2$，记样本容量、平均数和样本方差分别为 $n_1$、$\bar{X}_1$、$S_1^{*2}$ 和 $n_2$、$\bar{X}_2$、$S_2^{*2}$。检验水准取 0.05，即 $\alpha=0.05$(置信概率 95%)。

假设两种水泥应用效果无明显差异，假设 $H$ 为 $\mu_1=\mu_2$。

以两种水泥试验数据的平均值来构成统计量 $T$，则统计量的计算公式为

$$T = \frac{\bar{X}_1 - \bar{X}_2}{\sqrt{\dfrac{1}{n_1} + \dfrac{1}{n_2}}S^*} \tag{5-1}$$

此统计量 $T$ 服从自由度为 $n_1 + n_2 - 2$ 的 $T$ 分布，其中

$$S^* = \sqrt{\frac{(n_1-1)S_1^{*2} + (n_2-1)S_2^{*2}}{n_1 + n_2 - 2}} \tag{5-2}$$

给定显著水平 $\alpha$，查表可得 $t_{\frac{\alpha}{2}}(n_1 + n_2 - 2)$，则事件 $\left|T\right| \geqslant t_{\frac{\alpha}{2}}(n_1 + n_2 - 2)$ 的概率为

$$P\left\{\left|T\right| \geqslant t_{\frac{\alpha}{2}}(n_1 + n_2 - 2)\right\} \leqslant \alpha \tag{5-3}$$

要检验的假设 $H_0$：$\mu_1 = \mu_2$ 就是一个小概率事件，原假设应被拒绝。

将 $T$ 的计算公式代入且变换后，若计算得

$$\left|\bar{x}_1 - \bar{x}_2\right| \geqslant t_{\frac{\alpha}{2}}(n_1 + n_2 - 2)\sqrt{\frac{1}{n_1} + \frac{1}{n_2}}S^* \tag{5-4}$$

则拒绝假设 $H_0$，认为两个母体平均数有显著差异；否则应接受 $H_0$，即认为两个母体平均数无显著差异。

表 5-25 是 $T$ 分布假设检验表。根据检验结果，可以认为两种不同品牌的水泥对水镁石纤维混凝土坍落度和 7d 抗弯拉强度的影响差异不显著。

**表 5-25　$T$ 分布假设检验表**

| 指标 | 水泥 | $n$ | $\bar{X}$ | $S_1^{*2}$ | $S^*$ | $\alpha$ | $T$ | $t_{\frac{\alpha}{2}}(n_1+n_2-2)$ | 差异显著性 |
|---|---|---|---|---|---|---|---|---|---|
| 坍落度 | KS | 3 | 6.67 | 11.547 | 11.547 | 0.05 | 0.71 | 3.182 | 不显著 |
| | YZ | 3 | 13.33 | 11.547 | | | | | |
| 7d 抗弯拉强度 | KS | 3 | 2.867 | 0.208 | 0.286 | 0.05 | 0.57 | 3.182 | 不显著 |
| | YZ | 3 | 3.000 | 0.346 | | | | | |

2) 矿粉的影响

试验中研究了添加矿粉对混凝土性能的影响，表 5-26 是试验结果。可以看出，掺矿粉对 7d 抗弯拉强度影响显著，对坍落度影响则不明显。

**表 5-26　矿粉对混凝土性能的影响试验结果**

| 胶凝材料用量/(kg/m³) | 坍落度/mm | | 7d 抗弯拉强度/MPa | |
|---|---|---|---|---|
| | 无矿粉 | 有矿粉 | 无矿粉 | 有矿粉 |
| 270 | 0 | 0(100kg) | 2.8 | 3.2(100kg) |
| 290 | 20 | 10(120kg) | 3.1 | 3.6(120kg) |

由试验结果计算得知，矿粉的掺入使水镁石纤维混凝土 7d 抗弯拉强度平均

提高了 0.45MPa。表明矿粉的加入有利于混凝土抗弯拉强度的提高，这是因为矿粉具有火山灰效应、填充效应及减水剂效应，应用于水镁石纤维道路混凝土中会改变水泥基体中原有水化物的微观结构、化学组成及水泥石微观结构，从而增强了水泥基体的强度和水泥与集料的粘接强度。

3) 胶凝材料及纤维膏用量的影响

纤维膏用量固定为胶凝材料用量的 10%，因此这两个因素对混凝土性能的影响具有捆绑性。

表 5-27 是无矿粉、用水量为 135kg/m³ 时水泥用量对混凝土性能的影响。可以看出，随水泥用量(及纤维膏用量)的增加，混凝土的 7d 抗弯拉强度提高。这是因为水泥及纤维膏用量增加均对混凝土的抗弯拉强度提高有好处。另外，由于用水量没变，随着水泥用量增加，水灰比则减小，混凝土强度也会提高。

表 5-27 水泥用量对混凝土性能的影响

| 水泥用量/(kg/m³) | 坍落度/mm | 7d 抗弯拉强度/MPa |
| --- | --- | --- |
| 250 | 0 | 2.7 |
| 270 | 0 | 2.8 |
| 300 | 20 | 3.1 |

值得注意的是，水泥用量增加至 300kg/m³ 时，混凝土的坍落度反而提高，这有点不合常规。这应该是加入纤维膏导致的。纤维膏中含有减水剂和水，纤维膏用量增加，减水剂和水的量自然增加，因此混凝土的流动性提高。

4) 粗集料级配的影响

选用了 3 种粗集料 G5-10、G5-25、G10-30 进行搭配试验。表 5-28 是水泥用量为 300kg/m³、无矿粉、用水量为 135kg/m³ 时不同粗集料搭配的混凝土性能试验结果。

表 5-28 不同粗集料搭配的混凝土性能试验结果

| 粗集料级别 | G5-10 用量/(kg/m³) | G5-25 用量/(kg/m³) | G10-30 用量/(kg/m³) | 坍落度/mm | 7d 抗弯拉强度/MPa | 28d 抗弯拉强度/MPa |
| --- | --- | --- | --- | --- | --- | --- |
| 搭配 1 | 0 | 502 | 753 | 20 | 3.1 | 4.0 |
| 搭配 2 | 502 | 0 | 753 | 20 | 3.2 | 4.4 |

从表 5-28 可以看出，以 G5-10 和 G10-30 进行搭配的混凝土强度明显高于以 G5-25 和 G10-30 进行搭配的混凝土强度。说明 G5-10 与 G10-30 骨料级配锁结力强，有利于混凝土达到致密状态。因此，后面的混凝土配合比优选 G5-10 和 G10-30 进行搭配。

5) 水灰比的影响

无矿粉、调整水泥用量及用水量使坍落度保持 20mm 时，水灰比对混凝土抗弯拉强度的影响见图 5-29。

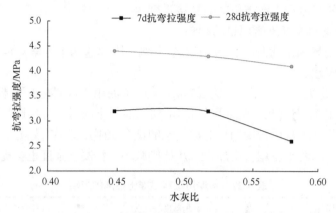

图 5-29　水灰比对混凝土抗弯拉强度的影响

从图 5-29 可以看出，水灰比对混凝土抗弯拉强度的影响与常规趋势相同，即随水灰比增大混凝土抗弯拉强度降低。尤其是 28d 抗弯拉强度，基本随水灰比增大呈现线性下降趋势。7d 抗弯拉强度在水灰比为 0.45～0.52 时变化不明显，这可能与 P·C 32.5 水泥中含有较多的矿物掺合料而早期强度增长较慢有关。

4. 施工配合比确定

根据混凝土性能影响因素研究结果，两种水泥可任选一种，以较小的水灰比、较大的胶凝材料用量、掺加矿粉、以 G5-10 和 G10-30 粗集料搭配来进行配合比筛选较好。

配合比试验初拟三个配合比进行对比，其中 3 号配合比是相邻路段普通水泥混凝土路面施工配合比。各配合比及其混凝土性能分别见表 5-29 和表 5-30。

表 5-29　农村公路试验配合比

| 编号 | 水泥用量 /(kg/m³) | 矿粉用量 /(kg/m³) | 用水量 /(kg/m³) | 砂用量 /(kg/m³) | G10-30 用量 /(kg/m³) | G5-10 用量 /(kg/m³) | 纤维膏用量 /(kg/m³) |
|---|---|---|---|---|---|---|---|
| 1 | 186 | 119 | 141 | 731 | 855 | 385 | 29 |
| 2 | 164 | 116 | 143 | 732 | 833 | 385 | 28 |
| 3 | 384 | 0 | 165 | 555 | | 1296 | 0 |

表 5-30 农村公路试验各配合比混凝土性能

| 编号 | 坍落度/mm | 7d 抗弯拉强度/MPa | 28d 抗弯拉强度/MPa | 混凝土密度/(kg/m³) |
|------|-----------|------------------|-------------------|------------------|
| 1 | 20 | 5.2 | 6.7 | 2450 |
| 2 | 6 | 4.5 | 5.9 | 2400 |
| 3 | 10 | 5.2 | 5.8 | 2400 |

通过表 5-30 可知，1 号配合比混凝土流动性优于 2 号，且满足工程施工要求。其 7d 抗弯拉强度较 2 号高 15.6%，28d 抗弯拉强度高出 13.6%。与 3 号无纤维的普通混凝土样相比，7d 抗弯拉强度持平，28d 抗弯拉强度高出 15.5%。经成本测算，在混凝土性能提高的情况下，每立方米水镁石纤维混凝土较普通混凝土的材料成本稍有降低。综合考虑施工性能、力学性能及材料成本，施工配合比优选 1 号水镁石纤维混凝土配合比，其中胶凝材料总用量为 305kg，矿粉用量占胶凝材料总量的 39%，纤维膏用量约为胶凝材料用量的 10%。混凝土路面施工时根据砂石的实际含水量进行配合比调整，得到施工配合比。

### 5.3.4 水镁石纤维混凝土农村路面施工

根据《公路水泥混凝土路面施工技术细则》(JTG/T F30—2014)要求，选择并准备好施工机械和人力，保证施工中原材料的连续供应。在路基、基层质量满足质量要求的基础上进行路面混凝土施工。

混凝土拌和采用强制式混凝土拌和机。严格控制混凝土的配料比例，尤其是严格控制用水量。水镁石纤维混凝土拌和的投料顺序：砂+石+水泥+矿粉+纤维膏→投入料斗→提升入搅拌机→搅拌 1min→加水拌和 2.5min→出料。

混凝土运输采用自卸汽车运输，摊铺成型采用国产三辊轴水泥混凝土摊铺整平机。三辊轴机组铺筑面层工艺流程按《公路水泥混凝土路面施工技术细则》(JTG/T F30—2014)规定顺序施工。

施工工艺流程：支模→拉杆传力杆安装→布料→密集排振→人工补料→三辊轴整平→精平饰面→拉毛→切缝→养护→硬刻槽→填缝。

图 5-30 是水镁石纤维混凝土路面三辊轴机组整平作业。

路面铺筑完成，立即开始养护。本试验路面采用保湿覆盖的方式养护。由于施工地点地处山区，施工时间已到 11 月份，当地气温较低，本试验路面养护 21d，并采用草帘保温。养护结束后检查发现，全路段混凝土路面平整、光滑，没有出现大的缺陷。图 5-31～图 5-40 是混凝土路面施工过程及通车前后的部分照片。

图 5-30　三辊轴机组整平作业

图 5-31　施工现场混凝土留样

图 5-32　现场试样振捣

图 5-33　施工现场混凝土坍落度测定

图 5-34　施工后的混凝土路面

图 5-35　混凝土试样抗弯拉强度测定

　　在采用低标号水泥、低水泥用量情况下，水镁石纤维混凝土的性能仍能满足农村公路工程技术要求，且应用效果良好。水镁石纤维混凝土施工工艺与普通水泥混凝土路面基本相同，与无纤维的普通混凝土相比，水镁石纤维混凝土中水泥用量大幅度减少，混凝土抗弯拉强度高，材料成本稍有降低。

图 5-36　混凝土试样抗压强度测定

图 5-37　通车一年后的路面(一)

图 5-38　通车一年后的路面(二)

图 5-39　通车两年后的路面(一)

图 5-40　通车两年后的路面(二)

　　影响水镁石纤维混凝土性能的主要因素有水灰比、矿粉掺量、集料搭配、胶凝材料及纤维膏用量等。试验表明,较小的水灰比、较大的胶凝材料和纤维膏用量、掺加矿粉、采用合适的集料搭配等均有利于混凝土强度提高。

## 5.4　水镁石纤维混凝土路面应用技术经济分析

通过对水镁石纤维混凝土路面的技术经济性、性价比进行分析，确定这种新型混凝土路面是否可以大面积推广。

### 5.4.1　各试验路段技术经济性分析

表 5-31 是各试验路段材料用量及成本比较。从表 5-31 可知，与钢纤维混凝土相比，水镁石纤维混凝土在所用水泥强度等级降低、水泥用量及纤维用量减少等情况下，抗弯拉强度有所提高，材料成本大幅度降低，混凝土成本不足钢纤维混凝土的 1/3。

**表 5-31　材料用量及成本比较**

| 材料参数 | 高速公路 | | | | 农村公路 | |
| --- | --- | --- | --- | --- | --- | --- |
| | 安康线 | | 宜瓦线 | 对比路 | 铜川试验路 | 对比路 |
| 路面混凝土用法 | FB 湿法 | FB 干法 | FB 湿法 | 钢纤维 | FB 湿法 | 普通混凝土 |
| 水泥标号 | 52.5 | 52.5 | 42.4 | 52.5 | 32.5 | 32.5 |
| 水泥用量/(kg/m³) | 387 | 465 | 367 | 485 | 186+矿粉 119 | 384 |
| 纤维用量/(kg/m³) | FB 纤维 15.6 | FB 纤维 20.0 | FB 纤维 14.7 | 钢纤维 55.0 | FB 纤维 | 0 |
| 外加剂类型 | F 型复合 | F 型复合 | F 型复合 | 萘系高效 | F 型复合 | 无 |
| 外加剂量/(kg/m³) | 4.35 | 7.00 | 4.10 | 4.90 | 3.25 | 0 |
| 28d 抗弯强度/MPa | 7.40 | 7.20 | 9.86 | 7.50 | 6.70 | 5.80 |
| 材料成本/(元/m³) | 414.4 | 461.5 | 353.1 | 1060.1 | 296.6 | 301.1 |

另外，水镁石纤维在混凝土中的添加工艺对混凝土的性能影响较大。采用纤维膏形式的湿法添加工艺时较干纤维粉形式的干法添加工艺具有明显优点，水泥及纤维用量减少，材料成本降低。

农村公路中，水镁石纤维混凝土在水泥用量减少的情况下，材料成本稍有降低，较普通混凝土力学性能提高。

本次试验路面的类型包括高速公路，也包括农村公路，有气候潮湿多雨、地质条件复杂的陕南山区，也有气候干燥、重载车辆多的陕北地区，以及沟壑纵横的丘陵地带。从各试验路面的通车运行情况看，应用水镁石纤维混凝土后，路面基本情况良好，混凝土对气候及应用环境无不适应现象。证明水镁石纤维混凝土可以适用于不同类型的水泥混凝土路面。

### 5.4.2 水镁石纤维路面混凝土的性价比分析

结合水镁石纤维混凝土材料路用性能的研究结果，以性能价格比(简称"性价比")对水镁石纤维路面混凝土的经济性进行评价。

性能价格比是材料改性后所达到的路用性能与材料成本的比值，定义为单位人民币的材料性能，其公式为

$$性价比 = \left[ \sum_{i=1}^{n} k_i f_i \right] \Big/ C \tag{5-5}$$

式中，$k_i$——路用性能各指标权重系数取值，见表 5-32；

$f_i$——路用性能指标值(相对于普通混凝土的比值，普通混凝土取 1.00)，分别表示水镁石纤维混凝土的抗弯拉强度、腐蚀强度损失率、抗冻性能相对基准混凝土的比值，压折比、抗渗高度、磨损质量取相对基准混凝土比值的倒数；

$C$——路面造价成本。

表 5-32 路用性能各指标权重系数取值

| 性能指标 | 力学性能 | | 其他路用性能 | | | | | 总评 |
|---|---|---|---|---|---|---|---|---|
| | 抗弯拉强度 | 压折比 | 抗渗性能 | 耐磨性能 | 耐腐蚀性能 | 抗冻性能 | 疲劳性能 | |
| 权重 | 0.20 | 0.20 | 0.10 | 0.10 | 0.10 | 0.10 | 0.20 | 1.00 |

水镁石纤维混凝土中添加水镁石纤维膏，要用到复合外加剂 F 和水镁石纤维，复合外加剂 F 的价格与目前常用的萘系高效减水剂相近。路面适用的水镁石纤维价格约为 0.6 元/kg。按每立方米混凝土纤维膏用量为水泥用量的 10%计算，复合外加剂 F 折算用量与混凝土中萘系高效减水剂相近，这部分成本与常用混凝土相同。不同的是纤维膏中纤维占纤维膏量的 40%，折合每立方米混凝土约为水泥用量的 4%。若以每立方米混凝土用水泥 360kg 计算，则需水镁石纤维 14.4kg，折合人民币约 8.64 元。若以每立方米混凝土成本为 360 元计，则添加纤维的成本约占混凝土成本的 2.4%。水镁石纤维膏在施工上与普通混凝土基本相同，需要额外增加的人员劳力费用可以忽略不计。

以此为基础，对水镁石纤维混凝土路面的经济性进行评价。水镁石纤维混凝土路用性能评价和路面性价比评价结果分别见表 5-33 和表 5-34。由此可知，水镁石纤维混凝土路面造价略高于普通混凝土路面，每立方米相当于普通混凝土路面的 1.024 倍，但其性能价格比却是普通混凝土路面的 1.210 倍，表明水镁石纤维混凝土路面的最终成本收益比更高。

表 5-33　　水镁石纤维混凝土路用性能评价

| 性能指标 | 力学性能 | | 其他路用性能 | | | | | 总评 |
|---|---|---|---|---|---|---|---|---|
| | 抗弯拉强度 | 压折比 | 抗渗性能 | 耐磨性能 | 耐腐蚀性能 | 抗冻性能 | 疲劳性能 | |
| 普通混凝土 | 1.00 | 1.00 | 1.00 | 1.00 | 1.00 | 1.00 | 1.00 | 1.000 |
| FB 混凝土 | 1.23 | 1.18 | 1.30 | 1.15 | 1.10 | 1.05 | 1.47 | 1.236 |

表 5-34　　水镁石纤维混凝土路面性价比评价结果

| 类型 | 普通混凝土路面 | 水镁石纤维混凝土路面 |
|---|---|---|
| 性能 | 1.0 | 1.236 |
| 成本 | 1.0 | 1.024 |
| 性能价格比 | 1.0 | 1.210 |

### 5.4.3　水镁石纤维混凝土路面的技术经济综合评价

水镁石纤维混凝土在基本不改变混凝土制备和施工工艺的情况下，通过适当加入水镁石纤维，可以提高路面的性能和使用寿命。路面材料性能价格比是普通混凝土路面的 1.210 倍，具有较好的经济性。

综上所述，水镁石纤维混凝土路面可以节约材料，节省费用，是一种新型水泥混凝土路面，具有良好的经济效益，值得推广。

# 第6章 路面水泥混凝土用水镁石纤维 检验方法及指标

## 6.1 总 则

### 1. 编制目的

水镁石纤维的物理性质对其在水泥基复合材料中发挥增强作用有很大的影响。因此，在应用于路面工程之前，需要明确适用于道路混凝土材料增强的水镁石纤维的质量指标及评价方法。为了促进水镁石纤维在水泥混凝土路面工程中的应用，提高我国水泥混凝土路面的性能，发挥水镁石纤维矿物的增强增韧作用，合理利用我国的优势资源，根据《公路水泥混凝土路面施工技术细则》(JTG/T F30—2014)的要求及水镁石纤维混凝土的特点，特编制本方法及指标，以指导道路工程用水镁石纤维的质量评价及在路面工程中的应用。

### 2. 适用范围

本方法规定了道路水泥混凝土用水镁石纤维的术语及定义，长度及分布，砂含量、粉尘含量、湿容积和水分含量的测定方法及质量指标。

本方法适用于水泥混凝土路面增强用水镁石纤维的质量评价和性能检测。

### 3. 参照标准

《温石棉》(GB/T 8071—2008)、《试验筛 技术要求和检验第 1 部分：金属丝编织网试验筛》(GB/T 6003.1—2022)、《温石棉取样、制样方法》(GB/T 8072—2012)。

## 6.2 术 语

### 1. 水镁石

水镁石又称氢氧镁石，是以 $Mg(OH)_2$ 为主要成分的天然矿物，单晶体呈厚板状，常见为片状集合体；有时呈纤维状集合体，理论成分为 69.12% MgO，30.88% $H_2O$。

2. 水镁石纤维

水镁石纤维是指符合定义的纤维状矿物集合体，具有一定长径比，又称为纤维水镁石。

3. 砂粒

砂粒指混入水镁石纤维中的非纤维矿物，颗粒直径在 0.2mm 以上。

4. 粉尘

按公认的试验方法，对水镁石纤维进行长度分级获得的最细粒级为粉尘。

通常情况下，粉尘指按《湿石棉试验方法》(GB/T 6646—2008)的 4.2 条 "湿式分级方法"，通过 0.075mm 筛孔的物料。

5. 松解纤维

松解纤维指经过松解、高度纤维化的水镁石纤维。

6. 主体纤维含量

机选水镁石纤维经干式分级后留存在规定筛网上的累积筛余量称为主体纤维含量。

7. 夹杂物

夹杂物指混入水镁石纤维中的非矿物杂质，如草根、树叶、纸屑、绳头等。

8. 湿容积

在一定时间内，水镁石纤维浸没于水中所占据的体积称为湿容积，表示水镁石纤维的软化程度和松解程度。

# 6.3　水镁石纤维长度及分布测定方法

1. 设备仪器

1) 振动筛

F500-Ⅰ型振动筛，筛网层数 2 层，上层筛网孔径为 1.4mm(12 目)，下层筛网孔径为 0.4mm(45 目)，筛网有效面积为 600mm×300mm，给料粒度≤35mm，振幅为 2mm。

2) 天平

感量 0.01g 电子天平。

2. 试样制备

1) 取样

从水镁石纤维袋中不同部位随机采取试样,总质量为 2.5kg,将试样迅速置于不透水分的容器中,试样的水分不得超过 3%。

2) 调样和混样

将试样撒于光滑干净的平面上,用手柔和地进行搓动,使纤维块破碎,结团分散,将试样调节均匀,使其彻底混合均匀。

3) 试验样品的采取

将经过调理和混合的试样撒在光滑而干净的平面上,以得到 25～35mm 厚的平堆样。

4) 检验样品

将 2.5kg 的试样分为四等份,将两份四分之一试样置于一边备用,另外两份四分之一试样作为长度筛分的样品。

5) 试验样品

通过在随机选定的堆样位置上捏取试样,选出长度筛分的试验样品,直至获得试样只需最小调整便可达到所要的质量 500g 为止。进行捏取时,注意每次捏取都应包括捏取点上从顶至底的试样,包括可能离析到底部的砂粒或细粉。

6) 备用样品

试样经充分混匀,置于密闭的干燥容器中待测定。

3. 试验步骤

(1) 调整振动筛速度为 600r/min。

(2) 把筛箱按顺序放在筛架上,应保证排列整齐,上下套正。

(3) 用天平准确称取 500g 水镁石纤维试样,置于容器中,调理至充分松散,沿筛箱长度方向均匀倒入顶层筛网筛箱中。

(4) 盖上筛盖,旋紧手轮。

(5) 开启振筛机,运转 6min,静置 2min。

(6) 取下筛箱,用毛刷仔细刷净各粒级试验筛及底盘上的试样,分别称量各号层筛网上的筛分产物,将结果记入试验记录表。

(7) 拣净筛分产物中的杂质,集中称量,将结果记入试验记录表。

(8) 重复步骤(1)～(7)，连续进行两次试验。

4. 结果计算

各号筛箱的筛分产物含量按式(6-1)计算：

$$N_i = \frac{m_i}{M} \times 100\% \qquad\qquad (6\text{-}1)$$

式中，$N_i$——各号筛箱筛分产物含量，%；

　　　$m_i$——各号筛箱筛分产物质量，g；

　　　$M$——试样质量，g。

杂质含量按式(6-2)计算，保留两位小数。

$$N_{杂} = \frac{m_{杂}}{M} \times 100\% \qquad\qquad (6\text{-}2)$$

式中，$N_{杂}$——杂质含量，%；

　　　$m_{杂}$——杂质质量，g；

　　　$M$——试样质量，g。

两次试验结果若符合试验允许误差值(表 6-1)的规定，则取其算术平均值作为报告值，否则应重新制备试样进行试验。

表 6-1　试验允许误差值

| 各号筛箱筛分产物质量/g | 两次试验结果之间允许误差/% |
| --- | --- |
| ≥150 | ≤15 |
| <150 | ≤10 |

# 6.4　砂粒含量测定方法

1. 方法原理

水镁石纤维的砂粒含量是在测定水镁石纤维长度分布时将+1.40mm、+0.40mm筛网筛余物及−0.40mm 物料(筛底)中的砂粒手工挑出后称重计算得到的。

2. 试验步骤

在水镁石纤维长度分布测定时，将+1.40mm、+0.40mm 筛网的筛余物和

–0.40mm 的物料分别松散摊开，用手拣出其中砂粒，合并称重。

3. 结果计算

砂粒含量按式(6-3)计算：

$$S = \frac{W_1 + W_2 + W_3}{m_1 + m_2 + m_3} \times 100\% \tag{6-3}$$

式中，$S$——砂粒含量，%；

　　$W_1$、$W_2$、$W_3$——+1.40mm、+0.4mm 筛网的筛余物和–0.4mm 物料(满底)
　　　　　　　　　　中的砂粒质量，g；

　　$m_1$、$m_2$、$m_3$——+1.40mm、+0.4mm 筛网的筛余物和–0.4mm 物料(满底)
　　　　　　　　　　的质量，g。

# 6.5　粉尘含量测定方法

1. 方法原理

试验样品在筛面上用一定压力水通过专用喷水嘴冲洗纤维，将留在筛上的物料干燥并称重，计算试样质量损失百分数，作为粉尘含量结果。

2. 试验装置与材料

(1) 方法筛：直径 200mm，筛孔孔径为 0.045mm。方法筛应带有孔径为 1.68mm 的托网，增置防溅用的筛框及排水用的筛座。

(2) 供水系统应能保证提供 138kPa 洁净的恒压水流。软压力管直径为 6～13m，以便喷水嘴悬挂于筛面 127mm±7mm 的标高上。

(3) 喷水嘴如图 6-1 所示。

(4) 具有一定湿强度的定量快速滤纸。

(5) 干燥箱或红外线干燥机。

(6) 天平，感量为 0.01g。

(7) 秒表。

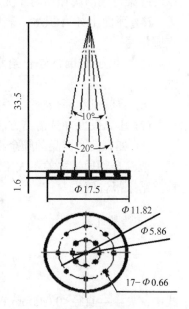

图 6-1　喷水嘴示意图(单位：mm)

(8) 洗瓶、500mL 烧杯各一只。

### 3. 试样及试验装置调试

1) 试样

按试样制备法取样制样。样品不得有明显的砂粒和夹杂物，样品干燥至恒重后称取两个质量为 10g±0.05g 的试样。

2) 试验装置调试

(1) 调节水流速，使压力表的表压为 138kPa±7kPa。

(2) 用量筒收集喷水嘴的排水，测定 2L 水流经喷水嘴所需时间必须在 23～26s，否则应进行调整。

### 4. 试验步骤

(1) 试验装置调试好后，将清洁的方法筛放在筛座上，打开供水阀，用喷水嘴使筛面全部润湿。

(2) 将试样放入加水 400mL 的烧杯中浸泡 4min，再用玻璃棒搅拌 1min，立即在 15s 内倒入方法筛。

(3) 在试样倒入方法筛的同时，开始计时，并旋转喷水嘴进行冲洗，冲洗中喷水嘴保持离筛面 127mm±7mm，应使喷水嘴逆时针和顺时针交替做圆形运动，以使纤维得到彻底和均匀冲洗。

(4) 筛面上如有积水，表明筛网堵塞，应将喷水嘴斜对着堵塞位置冲洗，克服堵塞。

(5) 冲洗 120s，停止给水，将筛网上剩余的全部纤维仔细移入已知的滤纸上。

(6) 将滤纸和筛余物一并移入 105℃±5℃ 的干燥箱中烘干至恒重。

(7) 正、反面冲洗清洁方法筛，按上述步骤冲洗第二个样品。

(8) 如果两个样品的筛余物质量之差超过 0.2g，则应制取第三个样品进行测试。取筛余物质量之差不大于 0.2g 的两个样品进行计算，取其算术平均值作为检验结果报告值。

### 5. 结果计算

$$R = 100\% - \frac{m_2 - m_1}{m_0} \times 100\% \tag{6-4}$$

式中，$R$ ——直径<0.045mm 粉尘含量，%；

$\quad\ \ m_0$ ——试样质量，g；

$m_1$——滤纸质量，g；

$m_2$——干燥后滤纸与筛余物质量，g。

# 6.6　水镁石纤维湿容积测定方法

## 1. 试验仪器

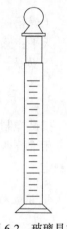

玻璃具塞量筒：见图 6-2，容积 1000mL，刻度 10mL，内径 50mm，壁厚 4mm，全高 398mm±2mm，从内底到 1000mL 刻度处的高度为 300mm±4mm。量筒口有外卷的加强缘，无出料嘴。

电子秤：感量为 0.01g。

玻璃漏斗：容积 100mL。

## 2. 试样

按试样制备法取样制样。样品不得有明显的砂粒和夹杂物，干燥至恒重。

图 6-2　玻璃具塞量筒

## 3. 试验步骤

(1) 称取试验用水镁石纤维样品 20g±0.05g 加入量筒中。

(2) 在量筒中加水至 1000mL 刻度处加塞密封。

(3) 在 30s 内匀速顺时针翻转量筒 30 次，再在 30s 内匀速逆时针翻转量筒 30 次。

(4) 将量筒静止 10min，再重复翻转一次。

(5) 将量筒小心放置在平台上，4h 后记录悬浮在水中的纤维体积，单位为 mL。

(6) 重复步骤(1)～(5)，连续进行两次试验。

## 4. 试验结果

如果两个试验的湿容积偏差不超过±5%，则取两次试验结果的平均值作为湿容积试验结果。若两个试验的湿容积偏差超过±5%，则此次试验结果无效，重新制备新试样进行试验。

# 6.7　水镁石纤维水分测定方法

**1. 试验原理**

采用干燥箱法进行道路水泥混凝土用水镁石纤维水分测定。

**2. 仪器设备**

干燥箱：使温度控制在 110℃±5℃。
天平：感量为 0.001g。
干燥器。

**3. 试样**

按试样制备法制备混合试样 2.5kg。

用堆锥四分法从混合试样中缩至三个 50g 水镁石纤维样，放入密闭容器内以待测定。

**4. 试验程序**

(1) 称量，记录空样盒的质量 $M_1$。
(2) 从密闭容器中取出试样，放入样盒内摊平。
(3) 称量、记录试样与样盒总质量 $M_2$。
(4) 立即将样盒放入温度为 110℃±5℃的干燥箱内，干燥至恒重，取出放入干燥器内冷却至室温。
(5) 称量、记录干燥试样与称样盒总质量 $M_3$。

**5. 结果计算**

水镁石纤维中的水分含量 $W$ (%)按式(6-5)计算：

$$W = \frac{M_2 - M_3}{M_2 - M_1} \times 100\% \tag{6-5}$$

以两个试样水分含量的平均值作为水镁石纤维水分含量的报告值。

# 6.8　路面水泥混凝土用水镁石纤维质量指标

水镁石纤维质量指标见表 6-2。

**表 6-2　水镁石纤维质量指标**

| 指标 | | 单位 | 数值 |
|---|---|---|---|
| 长度及分布 | >1.4mm | % | 23～35 |
| | 0.4～1.4mm | % | ≥30 |
| 湿容积 | | mm | ≥190 |
| 砂粒含量 | | % | ≤0.05 |
| 粉尘含量 | | % | ≤35 |
| 水分含量 | | % | ≤3.0 |

# 第7章 水镁石纤维混凝土路面材料设计
# 及制备方法指导书

## 7.1 总  则

**1. 编制目的**

水镁石纤维作为增韧材料，在水泥混凝土路面中具有较好的应用前景。在应用于路面工程之前，需要了解各材料组成参数对混凝土性能的影响，进行合理的材料组成设计，并按照正确的工艺方法制备混凝土材料。如果材料组成参数不合理，加入水镁石纤维不仅起不到积极的作用，反而还会影响水泥混凝土的各种性能。因此，材料设计参数对水镁石纤维混凝土的性能有着非常重要的影响。另外，加入水镁石纤维后，混凝土路面的结构参数也需要进行调整。为了促进水镁石纤维在水泥混凝土路面工程中的应用，提高我国水泥混凝土路面的性能，发挥水镁石纤维矿物的增强增韧作用，合理利用我国的优势资源，根据《公路水泥混凝土路面施工技术细则》(JTG/T F30—2014，以下简称《施工规范》)、《公路水泥混凝土路面设计规范》(JTG D40—2011，以下简称《设计规范》)、《公路工程水泥及水泥混凝土试验规程》(JTG 3420—2020，以下简称《试验规程》)的要求及水镁石纤维混凝土的特点，编制本指导书，以指导水镁石纤维公路水泥混凝土路面材料的设计和制备。

**2. 适用范围**

本指导书适用于新建或改建的水镁石纤维公路水泥混凝土路面材料设计和制备。

水镁石纤维混凝土路面的施工技术，参见第8章。

本指导书涉及掺加水镁石纤维的普通水泥混凝土路面材料设计及制备方法。与水镁石纤维混合使用的钢筋混凝土及钢纤维混凝土路面材料的设计和制备，可参考本指导书按照《施工规范》的要求进行。

## 7.2 术  语

**1. 路面水泥混凝土**

路面水泥混凝土为满足路面摊铺工作性能、抗弯拉强度、表面功能、耐久性能及经济性等要求的水泥混凝土材料。

2. 工作性能

工作性能是指混凝土拌和物在浇筑、振捣、成型、抹平等过程中的可操作性，是拌和物流动性、可塑性、稳定性和易密性的综合体现。

3. 基准水泥混凝土

基准水泥混凝土是指不掺掺合料或外加剂的水泥混凝土。在对比掺合料的使用效果时，基准水泥混凝土为不掺掺合料但掺有外加剂的混凝土；在比较外加剂的使用效果时，基准水泥混凝土为无掺合料和外加剂、用基准水泥配制的混凝土。

4. 粉煤灰超量取代法

通过超量取代水泥，使粉煤灰混凝土与基准混凝土在相同龄期获得同等强度的掺配方法，称为粉煤灰超量取代法。

5. 粉煤灰超量取代系数

粉煤灰掺入量与其取代水泥用量的比值，称为粉煤灰超量取代系数。

6. 碱集料反应

混凝土中的碱和环境中可能渗入的碱，与集料中的碱活性矿物成分在混凝土固化后缓慢发生的导致混凝土破坏的化学反应，称为碱集料反应。

7. 砂浆磨光值

砂浆磨光值是指经磨光后砂浆表面的摩擦系数。

8. 填充体积率

填充体积率是指混凝土中粗集料的体积占有率，用 $1m^3$ 混凝土中粗集料用量除以其视密度来计算。

# 7.3　原材料技术要求

1. 水泥

特重、重交通等级的路面宜采用旋窑道路硅酸盐水泥，也可采用旋窑硅酸盐水泥或普通硅酸盐水泥；中、轻交通等级的路面可采用矿渣硅酸盐水泥；低温天气施工或有快通要求的路段可采用 R 型水泥；此外宜采用普通型水泥。各交通等级路面水泥抗折强度、抗压强度应符合《施工规范》的规定。

水泥进场时每批量应附有化学成分、物理和力学指标合格的检验证明。各交通等级路面所使用水泥的化学成分、物理性能等路用品质应符合《施工规范》的规定。

选用水泥时，还应通过混凝土配合比试验，根据其配制抗弯拉强度、耐久性能和工作性能，优选适宜的水泥品种、强度等级。

采用机械化铺筑时，宜选用散装水泥。散装水泥的夏季出厂温度，南方不宜高于 65℃，北方不宜高于 55℃；混凝土搅拌时的水泥温度，南方不宜高于60℃，北方不宜高于50℃且不宜低于10℃。

2. 水镁石纤维

水镁石纤维是道路混凝土重要的原料之一，直接影响混凝土路面的抗弯拉强度、抗冲击振动性能、疲劳循环周次、体积稳定性和耐久性能等关键路用性能。水镁石纤维混凝土路面所用水镁石纤维应符合第 6 章的性能指标要求。

水镁石纤维的性能检验应委托有国家认证检验资格的检验机构进行。水镁石纤维进场时，每批量应附有规定的出厂合格证书及性能指标合格的检验证明。

纤维储运中要采取必要的防包装破损措施，防止纤维粉尘飞扬造成环境污染。

水镁石纤维在使用前应事先与外加剂预制成纤维膏。水镁石纤维及纤维膏在装载、运输、存储及应用中要注意防潮，采取必要的防雨措施。

水镁石纤维的检测应按照第 6 章相关方法进行。

3. 粉煤灰及其他掺合料

在混凝土路面中掺用粉煤灰时，应掺用质量指标符合《施工规范》规定的电收尘Ⅰ级、Ⅱ级干排或磨细粉煤灰，不得使用Ⅲ级粉煤灰。

粉煤灰宜采用散装灰，进货应有等级检验报告。应确切了解所用水泥中已经加入的掺合料种类和数量。

路面混凝土中可使用硅灰或磨细矿渣，使用前应经过试配检验，确保路面混凝土抗弯拉强度、工作性能、抗磨性能、抗冻性能等技术指标合格。

4. 粗集料

粗集料应使用质地坚硬、耐久、洁净的碎石、碎卵石和卵石，并应符合《施工规范》的规定。高速公路、一级公路、二级公路及有抗冻(盐)要求的三级公路、四级公路混凝土路面使用的粗集料级别应不低于Ⅱ级，无抗(盐)冻要求的三级公路、四级公路混凝土路面可使用Ⅲ级粗集料。有抗(盐)冻要求时，Ⅰ级粗集料吸水率不应大于 1.0%，Ⅱ级粗集料吸水率不应大于 2.0%。

用于路面的混凝土粗集料不得使用不分级的统料，应根据最大公称粒径的不同，采用 2～4 个粒级的集料进行掺配，并应符合《施工规范》合成级配的要求。卵石最大公称粒径不宜大于 19.0mm；碎卵石最大公称粒径不宜大于 26.5mm；碎石最大公称粒径不应大于 31.5mm。

5. 细集料

细集料应采用质地坚硬、耐久、洁净的天然砂、机制砂或混合砂，并应符合《施工规范》的规定。高速公路、一级公路、二级公路及有抗(盐)冻要求的三级公路、四级公路混凝土路面使用的砂应不低于Ⅱ级，无抗(盐)冻要求的三级公路、四级公路混凝土路面可采用Ⅲ级砂。特重、重交通等级的混凝土路面宜使用河砂，砂的硅质含量不应低于 25%。

细集料的级配要求应符合《施工规范》的规定，路面用天然砂宜为中砂，也可使用细度模数为 2.0～3.5 的砂。同一配合比用砂的细度模数变化范围不应超过 0.3，否则应分别堆放，并调整配合比中的砂率后使用。

路面混凝土使用的机制砂还应检验砂浆磨光值，宜大于 35，不宜使用抗磨性较差的泥岩、页岩、板岩等水成岩类母岩品种生产机制砂。配制机制砂混凝土应同时掺引气高效减水剂。

在河砂资源紧缺的沿海地区，二级及二级以下公路混凝土路面可使用淡化海砂，缩缝设传力杆混凝土路面不宜使用淡化海砂。淡化海砂除满足普通细集料的技术指标和级配要求外，还应符合下述规定：①淡化海砂带入每立方米混凝土的含盐量不应大于 1.0kg；②淡化海砂中碎贝壳等甲壳类动物残留物含量不应大于 1.0%；③与河砂进行对比试验，淡化海砂应对砂浆磨光值、混凝土凝结时间、耐磨性、抗弯拉强度等无不利影响。

6. 水

饮用水可直接作为混凝土搅拌和养护用水。对水质有疑问时，应检验下列指标，合格者方可使用。

(1) 硫酸盐含量(按 $SO_4^{2-}$ 计)小于 0.0027mg/mm$^3$。

(2) 含盐量不得超过 0.005mg/mm$^3$。

(3) pH 不得小于 4。

(4) 不得含有油污、泥和其他有害杂质。

7. 外加剂

水镁石纤维路面混凝土宜选用减水率大、坍落度损失小、可调控凝结时间且具有纤维劈分等功能的复合外加剂。外加剂的减水率应不小于 15%，质量应符合《混凝土外加剂》(GB/T 8076—2008)高效减水剂质量标准。

高温施工宜使用具有引气缓凝(保塑、高效)功能的外加剂；低温施工宜使用具有引气早强(高效)功能的外加剂。

选定外加剂品种时，其性能必须与所用的水泥进行适应性检验，且其功能应通过纤维混凝土性能试验验证。

同时使用几种外加剂时，要避免几种外加剂不能混溶的问题。

供应商应提供有相应资质外加剂检测机构的品质检测报告，检测报告应说明外加剂的主要化学成分，认定对人员无毒副作用。

引气剂应选用表面张力降低值大、水泥稀浆中起泡容量多而细密、泡沫稳定时间长、不溶残渣少的产品。有抗冰(盐)冻要求地区，各交通等级路面必须使用引气剂；无抗冰(盐)冻要求地区，二级及二级以上公路路面混凝土中应使用引气剂。

# 7.4　混凝土配合比

1. 适用范围

水镁石纤维混凝土配合比设计适用于滑模摊铺机、轨道摊铺机、三辊轴机组及小型机具四种施工方式。

2. 设计原则

水镁石纤维混凝土路面的配合比设计，在兼顾经济性的同时，应满足抗弯拉强度、工作性能和耐久性能的技术要求。

水镁石纤维混凝土根据混凝土制备及施工方式，在满足《施工规范》要求的前提下进行配合比设计。

3. 技术指标要求

1) 抗弯拉强度

各交通等级路面板的 28d 设计抗弯拉强度标准值 $f_r$ 应符合《设计规范》的规定。

应按《施工规范》规定的公式和参数选取保证率系数、路面抗弯拉强度变异系数，并计算配制 28d 抗弯拉强度的均值。

2) 工作性能

滑模摊铺前拌和物最佳工作性能及允许范围，轨道摊铺机、三辊轴机组、小型机具摊铺的路面混凝土坍落度及最大单位用水量，均应符合《施工规范》的规定。

3) 耐久性能

根据当地路面无抗冻性、有抗冻性或有抗盐冻性要求及混凝土集料最大公称粒径，按《施工规范》要求确定路面混凝土含气量。

各交通等级路面混凝土满足耐久性能要求的最大水灰(胶)比和最小单位水泥用量，均应符合《施工规范》的规定，且最大单位水泥用量不宜大于 $400kg/m^3$；掺粉煤灰时，最大单位胶材总量不宜大于 $420kg/m^3$。

严寒地区路面混凝土抗冻标号不宜小于 F250，寒冷地区不宜小于 F200。

受除冰盐、海风、酸雨或硫酸盐等腐蚀性环境影响的混凝土路面，使用硅酸盐水泥时，应掺加粉煤灰、磨细矿渣或硅灰掺合料，不宜单独使用硅酸盐水泥，可使用矿渣水泥或普通水泥。

4) 外加剂的使用要求

高温施工时，混凝土拌和物的初凝时间不得小于 3h，否则应采取缓凝或保塑措施；低温施工时，终凝时间不得大于 10h，否则应采取必要的促凝或早强措施。

外加剂应该与水镁石纤维和部分拌和水预先混合制成纤维膏再使用。外加剂中引气剂的适宜掺量可由搅拌机口的拌和物含气量控制。实际路面引气混凝土的抗冰冻、抗盐冻耐久性能，宜采用《施工规范》规定的方法测定。

几种外加剂复配在同一水溶液中时，应保证其共溶性，避免外加剂溶液发生絮凝问题。

4. 配合比参数计算与选取

1) 水灰(胶)比($W/C$)的计算和选取

根据粗集料类型，分别按《施工规范》规定的统计公式计算水灰比。

掺用粉煤灰时，应计入超量取代法中代替水泥的那一部分粉煤灰用量(代替砂的超量部分不计入)，用水胶比代替水灰比。

应在满足抗弯拉强度计算值和耐久性能两者要求的水灰(胶)比中取小值。

2) 砂率($S_p$)

砂率应根据砂的细度模数和粗集料种类，按《施工规范》查表取值。在做抗滑槽时，砂率可适当增大 1%～2%。

3) 单位用水量($W_0$)

根据粗集料种类和路面施工方式对应的适宜坍落度，按《施工规范》提供的经验式计算单位用水量(砂石料以自然风干状态计)。

单位用水量应取计算值和《施工规范》中不同路面施工方式规定的最大单位用水量的小值。

由于外加剂与纤维混合制备纤维膏事先已加入，因此混凝土的单位用水量取值要考虑水镁石纤维膏中外加剂引起的减水率。

加入纤维膏引起的减水率 $\beta$ 按 13% 计算，加入水镁石纤维膏的混凝土单位用水量公式为

$$W_{ow} = 0.83W_o \tag{7-1}$$

式中，$W_{ow}$——掺水镁石纤维膏的混凝土单位用水量，$kg/m^3$；

$W_o$——不掺外加剂、纤维膏及掺合料的混凝土单位用水量，$kg/m^3$。

若实际单位用水量不满足所取数值，则应调整水镁石纤维膏中外加剂种类及成分。三级、四级公路也可采用真空脱水工艺。

4) 单位水泥用量($C_o$)

单位水泥用量用《施工规范》提供的公式计算，取计算值与满足耐久性能要求的最小单位水泥用量规定值中的大值。

5) 水镁石纤维膏用量($B$)

混凝土配合比中水镁石纤维膏的用量取水泥用量的 10%。

纤维膏的含水量按纤维膏质量的 49% 计算，即占水泥用量的 4.9%，在混凝土配制时要从总水量中扣除，即配制用水量 $W$ 计算公式为

$$W = W_{ow} - 0.049C_o \tag{7-2}$$

6) 砂($S$)石($G$)料用量($S+G$)

砂石料用量按密度法计算，混凝土单位质量 $D$ 可取 2400～2450$kg/m^3$，则砂石料用量为

$$S + G = D - W - C_o - B \tag{7-3}$$

$$S = (S + G) \times S_p \tag{7-4}$$

$$G = (S + G) - S \tag{7-5}$$

采用超量取代法掺用粉煤灰时，超量部分应代替砂，并折减用砂量。

经计算得到的配合比，应验算单位粗集料填充体积率，且不宜小于 70%。

7) 其他注意事项

重要路面工程应采用正交试验法进行配合比优选。

采用真空脱水工艺时，可采用比《施工规范》中单位用水量经验式计算值略大的单位用水量，在真空脱水后，扣除每立方米混凝土实际吸除的水量，剩余单位用水量和剩余水灰(胶)比分别不宜超过《施工规范》满足施工方式要求的最大

单位用水量和满足耐久性能要求的最大水灰(胶)比。

路面混凝土掺用粉煤灰时，其配合比计算应按超量取代法进行。粉煤灰掺量应根据水泥中原有的掺合料数量和混凝土抗弯拉强度、耐磨性等要求由试验确定。Ⅰ级、Ⅱ级粉煤灰的超量取代系数可按《施工规范》规定的值初选。代替水泥的粉煤灰掺量：Ⅰ型硅酸盐水泥宜≤30%；Ⅱ型硅酸盐水泥宜≤25%；道路水泥宜≤20%；普通水泥宜≤15%；矿渣水泥不得掺粉煤灰。

5. 配合比确定与调整

由前述各经验公式推算得出的普通混凝土配合比，应在实验室内按下述步骤和《试验规程》规定方法进行试配检验和调整：①检验各种混凝土拌和物是否满足不同摊铺方式的最佳工作性能要求。检验项目包括含气量、坍落度及其损失、振动黏度系数、改进维勃稠度、外加剂品种及其最佳掺量。在工作性能和含气量不满足相应摊铺方式要求时，可在保持水灰(胶)比不变的前提下调整单位用水量、外加剂掺量或砂率，不得减小满足计算抗弯拉强度及耐久性能要求的单位水泥用量。②对于采用密度法计算的配合比，应实测拌和物视密度，并按视密度调整配合比。调整时水灰比不得增大，单位水泥用量不得减小，调整后的拌和物视密度允许偏差为±2.0%。实测拌和物含气量 $a$(%)及其偏差应满足《施工规范》中耐久性能要求，不满足要求时，应调整引气剂掺量直至达到规定含气量。③以初选水灰(胶)比为基准，按 0.02 增减幅度选定 2~4 个水灰(胶)比，制作试件，检验各种混凝土 7d 和 28d 配制抗弯拉强度、抗压强度、耐久性能等指标(有抗冻性要求的地区，抗冻性为必测项目，耐磨性及干缩性为选测项目)。也可保持计算水灰(胶)比不变，以初选单位水泥用量为基准，按 15~20kg 增减幅度选定 2~4 个单位水泥用量，制作试件并做上述各项试验。④ 施工单位通过上述各项指标检验提出的配合比，经监理或建设方中心实验室验证合格后，方可确定为实验室基准配合比。

实验室的基准配合比应通过搅拌楼实际拌和检验及不小于 200m 试验路段的验证，应根据料场砂石料含水量、拌和物实测视密度、含气量、坍落度及其损失，调整单位用水量、砂率或外加剂掺量，调整时水灰(胶)比、单位水泥用量不得减小。考虑施工中原材料含泥量、泥块含量、含水量变化和施工变异性等因素，单位水泥用量应适当增加 5~10kg。满足试拌试铺工作性能、28d(至少 7d)配制抗弯拉强度、抗压强度和耐久性能等要求的配合比，经监理或建设方批准后方可确定为施工配合比。

施工期间配合比的微调与控制应符合下列要求：①根据施工季节、气温和运距等的变化，可微调缓凝(高效)减水剂、引气剂或保塑剂的掺量，保持摊铺现场的坍落度始终适宜于铺筑，且波动最小。②降雨后，应根据每天不同时间的气温及砂石料实际含水量变化，微调加水量，同时微调砂石料称量，其他配合比参数不得变更，维持施工配合比基本不变。雨天或砂石料变化时应加强控制，保持现场拌和物工作性能始终适宜摊铺和稳定。

# 7.5　水镁石纤维混凝土的拌和制备

## 1. 搅拌设备

水镁石纤维混凝土的搅拌设备应采用强制混凝土搅拌楼(站)，搅拌场的混凝土拌和能力及混凝土搅拌楼的配置应符合《施工规范》的规定。

制备水镁石纤维膏的分散搅拌机应采用转速为 60r/min 的卧式强制式机械搅拌机。

## 2. 拌和技术要求

### 1) 搅拌楼要求

每台搅拌楼在投入生产前，必须进行标定和试拌，尤其是混凝土搅拌机给料系统和搅拌时间的标定，以保证原料的计量准确和拌和过程的顺利进行。在标定有效期满或搅拌楼搬迁安装后，均应重新标定。施工中应定期校验，每 15d 校验一次搅拌楼计量精确度，计量偏差不得超过《施工规范》的规定。计量不满足要求时，应分析原因，排除故障，确保拌和计量精确度。采用计算机自动控制系统搅拌楼时，应使用自动配料生产，并按需要打印每天(周、旬、月)对应路面摊铺桩号的混凝土配料统计数据及偏差。严禁使用手动操作和配料生产。

### 2) 水镁石纤维膏的预制备

水镁石纤维膏由复合外加剂、水镁石纤维及水预先拌制而成，制作配比见表 7-1。

**表 7-1　水镁石纤维膏制作配比**

| 指标 | 水镁石纤维 | 复合外加剂 | 水 |
|---|---|---|---|
| 质量/kg | 400 | 110 | 490 |
| 质量比 | 1 | 0.275 | 1.225 |

湿纤维膏制作工艺：复合外加剂→加入纤维分散搅拌机→加水镁石纤维→加水搅拌 10min→出料→密封放置 24h 备用。

纤维膏制作中要保证各原料搅拌充分、均匀，使纤维完全润湿、分散。

纤维膏密封放置分装量应按每盘混凝土原材料用量计量，以减少现场称料的误差，并简化现场施工操作。计量后用塑料袋分装，密封放置。纤维膏放置时要注意防晒、防雨、防风、防污染、防止水分蒸发损失。

3) 水镁石纤维混凝土拌和

必须采用强制式混凝土搅拌机搅拌混凝土，严禁人工拌和混凝土。

混凝土拌和投料顺序与拌和时间：砂+石+水泥+纤维膏→投入料斗→入搅拌机→搅拌 1min→加水拌和 2.5min→出料。为保证拌和均匀和纤维的均匀分散，湿料的搅拌时间不得缩短。

严格控制用水量。雨天时，要重新检测砂石含水量，及时调整配合比。

4) 混凝土拌和

混凝土拌和过程中，不得使用沥水、夹冰雪、表面沾染尘土和局部暴晒过热的砂石料。

5) 其他外加剂

其他外加剂及钢纤维的加入按《施工规范》的规定执行。

6) 粉煤灰或其他掺合料

粉煤灰或其他掺合料应采用与水泥相同的输送、计量方式。粉煤灰混凝土的纯拌和时间应比不掺粉煤灰的混凝土延长 10~15s。当同时掺用引气剂时，宜通过试验适当增大引气剂掺量，以达到规定含气量。

7) 拌和物质量检验与控制

拌和物质量检验与控制应按照《施工规范》的规定进行。

## 7.6　水镁石纤维混凝土材料配合比设计参考参数

根据《施工规范》的要求及研究成果，采用水镁石纤维混凝土路面时，推荐的纤维及外加剂应用参数如下。

(1) 纤维：水镁石纤维，纤维的质量指标是 1.4mm 筛余质量分数为 23%~35%，0.4~1.4mm 筛余质量分数≥30%及湿容积≥190mL；具体检测方法见第 6 章。

(2) 外加剂：F 型复合外加剂，减水率不小于 15%，质量符合《混凝土外加剂》(GB/T 8076—2008)高效减水剂质量标准，与水镁石纤维和水一起预制纤维膏使用。

(3) 纤维膏用量：占水泥质量的 10%左右(水镁石纤维质量占水泥质量的 4%左右)。

(4) 纤维膏制作方法：F 型复合外加剂→加入纤维分散搅拌机→加入水镁石纤维→加水搅拌 10min→出料放置 24h 备用。纤维分散搅拌机宜采用转速为 60r/min 及以上的卧式强制式机械搅拌机。纤维膏制作中要保证各原料搅拌充分、均匀，使纤维完全润湿、分散。

(5) 混凝土单位用水量：使用自来水，水质满足《施工规范》要求，在同条件下较普通混凝土减少 13%左右。

## 7.7 混凝土路面材料性能及结构设计参考参数

按照上述推荐参数进行混凝土路面设计，混凝土的性能指标参考如下。

(1) 抗弯拉强度可提高 20%以上，压折比降低 17%以上。

(2) 保坍性、黏聚性和保水性优于普通混凝土。

(3) 劈裂抗拉强度提高约 17%。

(4) 抗冲击强度提高约 10%。

(5) 抗压弹性模量为 34500MPa，较普通混凝土降低约 16.0%。

(6) 抗弯拉弹性模量为 7200MPa，约为普通混凝土的 38.7%。

(7) 动弹性模量为 48100MPa，较普通混凝土高出 24.0%。

(8) 热膨胀系数约为 $8.7×10^{-6}$ /℃，较普通混凝土降低约 29%。

(9) 干缩率约为 $76.4×10^{-6}$，较普通混凝土降低约 57%。

(10) 渗水高度降低 30%左右。

(11) 磨耗量降低约 15%。

(12) 碳化系数提高约 16%。

(13) 抗硫酸盐侵蚀性能提高 10%左右。

(14) 冻融性：抗压强度少损失 8%，劈裂抗拉强度少损失 4.5%，冻融后的质量损失没有明显差别。

(15) 弯曲疲劳寿命较普通混凝土延长 47%以上。

## 7.8 路面结构设计参数

设普通水泥混凝土的设计抗弯拉强度为 $f_r$，按照普通混凝土的路面设计方法，经计算，路面板的设计厚度为 $h'$，路面板板长为 $L$。

水镁石纤维混凝土具有较高的抗弯拉强度和较低的抗弯拉弹性模量，当采用水镁石纤维混凝土路面时，由《公路水泥混凝土路面设计规范》(JTG D40—2011)设计计算的混凝土面层相对刚度半径 $r'$ 变小，板的长径比 $L/r'$ 变大，相应的荷载疲劳应力 $\sigma_{pr}'$ 也变小。

水镁石纤维混凝土具有较小的热膨胀系数，因此其混凝土板的温度翘曲应力 $\sigma_{tm}'$ 变小，温度应力系数 $k_t'$ 和温度疲劳应力 $\sigma_{tr}'$ 也变小。

另外，水镁石纤维混凝土具有较好的抗冻性能和较长的弯曲疲劳寿命。

由以上几点可知，当采用水镁石纤维混凝土路面时，由普通混凝土路面设计方法得到的路面板设计厚度可作适当改变。

考虑到安全系数，具体改变如下：

当设计的混凝土路面板长度 $L$ 不变时，混凝土路面板的设计厚度 $h'$ 可减薄为按普通混凝土路面板设计计算厚度 $h$ 的 0.9 倍。

具体计算过程见 7.9 节。

## 7.9　水镁石纤维混凝土路面板厚度计算说明

根据《公路水泥混凝土路面设计规范》(JTG D40—2011，以下简称《设计规范》)和水镁石纤维混凝土性质的研究结果，对混凝土路面面板厚度进行计算。

### 1. 计算中用到的符号及含义

计算中用到的符号及其含义见表 7-2。

表 7-2　符号及其含义

| 符号含义 | 普通混凝土 | 水镁石纤维混凝土 |
|---|---|---|
| 路面板厚度 | $h$ | $h'$ |
| 水镁石纤维混凝土路面板厚度/普通混凝土路面板厚度 | — | $d$ |
| 抗弯拉弹性模量 | $E_c$ | $E_c'$ |
| 线膨胀系数 | $\alpha_c$ | $\alpha_c'$ |
| 基层顶面当量回弹模量 | $E_t$ | $E_t$ |
| 面层的相对刚度半径 | $r$ | $r'$ |
| 标准轴载在临界荷位处产生的荷载应力 | $\sigma_{ps}$ | $\sigma_{ps}'$ |
| 荷载疲劳应力 | $\sigma_{pr}$ | $\sigma_{pr}'$ |
| 接缝传荷能力的应力折减系数 | $k_r$ | $k_r$ |
| 荷载疲劳应力系数 | $k_f$ | $k_f$ |
| 综合影响系数 | $k_c$ | $k_c$ |
| 最大温度梯度时面板的温度翘曲应力 | $\sigma_{tm}$ | $\sigma_{tm}'$ |
| 28d混凝土抗弯拉强度标准值 | $f_r$ | $f_r$ |
| 温度疲劳应力系数公式中的回归系数 | $a$ | $a$ |
| 温度疲劳应力系数公式中的回归系数 | $b$ | $b$ |

| 符号含义 | 普通混凝土 | 水镁石纤维混凝土 |
|---|---|---|
| 温度疲劳应力系数公式中的回归系数 | $c$ | $c$ |
| 温度疲劳应力系数 | $k_t$ | $k_t'$ |
| 温度疲劳应力 | $\sigma_{tr}$ | $\sigma_{tr}'$ |
| 可靠度系数 | $r_r$ | $r_r$ |

### 2. 计算中用到的公式

公式来源见《设计规范》。

普通混凝土面层的相对刚度半径：

$$r = 0.537h\sqrt[3]{E_c / E_t}$$

标准轴载在临界荷位处产生的荷载应力：

$$\sigma_{ps} = 0.077r^{0.60}h^{-2}$$

荷载疲劳应力：

$$\sigma_{pr} = k_r k_f k_c \sigma_{ps}$$

最大温度梯度时混凝土面板的温度翘曲应力：

$$\sigma_{tm} = \alpha_c E_c h T_g B_x / 2$$

式中，$T_g$——公路所在地 50 年一遇最大温度梯度，℃；

$B_x$——综合温度翘曲应力和内应力的温度应力系数。

温度疲劳应力系数：

$$k_t = \frac{f_r}{\sigma_{tm}}\left[ a\left(\frac{\sigma_{tm}}{f_r}\right)^c - b\right]$$

温度疲劳应力：

$$\sigma_{tr} = k_t \sigma_{tm}$$

疲劳断裂作用极限状态时，应满足：

$$r_r(\sigma_{pr} + \sigma_{tr}) \leqslant f_r$$

3. 计算中用到的混凝土性质参数

计算中用到的混凝土性质参数对比见表 7-3。

表 7-3　混凝土性质参数对比

| 性质名称 | 符号 | 普通混凝土 | FB 混凝土 | 设计中使用参考值 |
|---|---|---|---|---|
| 抗弯拉弹性模量 | $E_c$、$E_c'$ | 25~33GPa | 7.2GPa，是对比基准样的 38.7% | 取普通混凝土的 40%，即 $0.4E_c$ |
| 线膨胀系数 | $\alpha_c$、$\alpha_c'$ | $10\times10^{-6}$ | $8.7\times10^{-6}$ | $0.87\alpha_c$ |

4. 水镁石纤维混凝土路面板厚度的计算

在相同应用条件下，设普通混凝土路面板的厚度为 $h$，水镁石纤维混凝土路面板的厚度为 $h'$，由于水镁石纤维混凝土较普通混凝土的抗弯拉强度高，可以假定 $h' \leqslant h$。

设按照普通混凝土路面板设计初选的混凝土路面板厚度 $h$ 与设计的水镁石纤维混凝土路面板厚度 $h'$ 之比为 $h'/h = d$，则 $d \leqslant 1$，$h' = dh$。

路面板厚度的设计计算过程如下。

(1) FB 混凝土面层的相对刚度半径：

$$r' = 0.537h'\sqrt[3]{E_c'/E_t} = 0.537h'\sqrt[3]{0.4E_c/E_t} = \sqrt[3]{0.4}dr = 0.7368dr$$

(2) 标准轴载在临界荷位处产生的荷载应力：

$$\sigma_{ps}' = 0.077r'^{0.60}h'^{-2} = 0.7368^{0.60}d^{-2}\sigma_{ps} = 0.8326d^{-2}\sigma_{ps}$$

(3) 荷载疲劳应力：

$$\sigma_{pr}' = k_r k_f k_c \sigma_{ps}' = 0.8326d^{-2}k_r k_f k_c \sigma_{ps} = 0.8326d^{-2}\sigma_{pr}$$

(4) 最大温度梯度时混凝土路面板的温度翘曲应力：

$$\sigma_{tm}' = \alpha_c' E_c' h' T_g B_x / 2 = 0.87\times0.4d\alpha_c E_c h T_g B_x = 0.348d\sigma_{tm}$$

(5) 温度疲劳应力系数：

$$k_t' = \frac{f_r}{\sigma_{tm}'}\left[a\left(\frac{\sigma_{tm}'}{f_r}\right)^c - b\right] = (0.348d)^{c-1}k_t - \frac{f_r}{\sigma_{tm}}b[(0.348d)^{-1} - (0.348d)^{c-1}]$$

$$= (0.348d)^{c-1}k_t - [(0.348d)^{-1} - (0.348d)^{c-1}]\frac{f_r}{\sigma_{tm}}b$$

$$= (0.348d)^{c-1}k_t - \frac{1-(0.348d)^c}{0.348d}\frac{f_r}{\sigma_{tm}}b$$

根据《设计规范》，$c$ 为 $1.270 \sim 1.323$，且 $\dfrac{1-(0.348d)^c}{0.348d}\dfrac{f_r}{\sigma_{tm}}b>0$，则 $k_t' \leqslant (0.711 \sim 0.752)dk_t \leqslant 0.752dk_t$，取 $k_t' = 0.752dk_t$。

(6) 温度疲劳应力：

$$\sigma_{tr}' = k_t'\sigma_{tm}' = 0.752 \times 0.348d^2 k_t \sigma_{tm} = 0.2617d^2 \sigma_{tr}$$

(7) 疲劳断裂作用的极限状态时：

$$r_r(\sigma_{pr}' + \sigma_{tr}') = r_r(0.8326d^{-2}\sigma_{pr} + 0.2617d^2\sigma_{tr})$$

当 $d$=0.9 时，$r_r(\sigma_{pr} + 0.2\sigma_{tr}) < r_r(\sigma_{pr} + \sigma_{tr}) \leqslant f_r$（路面混凝土的设计抗弯拉强度）。

为安全起见，取 $d$=0.9，即水镁石纤维混凝土路面板厚度 $h'$ 为普通混凝土路面板厚度 $h$ 的 0.9 倍。

# 第8章 水镁石纤维混凝土路面施工技术指南

## 8.1 总　则

**1. 编制目的**

为促进水镁石纤维在水泥混凝土路面工程中的应用，保证公路路面质量，根据《公路水泥混凝土路面施工技术细则》(JTG/T F30—2014，以下简称《施工规范》)、《公路水泥混凝土路面设计规范》(JTG D40—2011，以下简称《设计规范》)、《公路工程水泥及水泥混凝土试验规程》(JTG 3420—2020，以下简称《试验规程》)的要求及水镁石纤维混凝土的特点，编制本指南，以指导水镁石纤维混凝土路面施工。

**2. 适用范围**

本指南适用于采用滑模摊铺机、轨道摊铺机、三辊轴机组、小型机具施工的各级新建或改建公路混凝土路面工程。

**3. 一般要求**

施工中应根据合同及设计文件、施工现场所处的自然环境条件，选择满足质量指标要求、性能稳定的原材料，确定配合比、设备种类和施工工艺，进行详细的施工组织设计，建立完备的施工质量保障体系。

路面施工和养护人员在施工前应进行技术培训，保证能在专业技术人员的指导下认真负责地完成相应工作。

## 8.2 术　语

**1. 路面水泥混凝土**

路面水泥混凝土是指满足路面摊铺工作性能、抗弯拉强度、表面功能、耐久性能及经济性等要求的水泥混凝土材料。

2. 滑模铺筑

滑模铺筑是采用滑模摊铺机铺筑混凝土路面的施工工艺,特征是不架设边缘固定模板,能够一次完成布料摊铺、振捣密实、挤压成型、抹面修饰等混凝土路面摊铺功能。

3. 轨道铺筑

轨道铺筑是采用轨道摊铺机铺筑混凝土路面的施工工艺。

4. 三辊轴机组铺筑

三辊轴机组铺筑是采用振捣机、三辊轴整平机等机组铺筑混凝土路面的施工工艺。

5. 小型机具铺筑

小型机具铺筑是采用固定模板,人工布料,手持振捣棒、振动板或振捣梁振实,棍杠、修整尺、抹刀整平的混凝土路面施工工艺。

6. 真空脱水工艺

混凝土路面摊铺后,随即使用真空泵及真空垫等专用吸水装置,将新铺筑路面混凝土中多余水分吸除的这种面层施工工艺,称为真空脱水工艺。

7. 工作性能

工作性能是指混凝土拌和物在浇筑、振捣、成型、抹平等过程中的可操作性,是拌和物流动性、可塑性、稳定性和易密性的综合体现。

8. 振动黏度系数

振动黏度系数表示在特定振动能量作用下,混凝土拌和物内部阻碍水泥、粗细集料、气泡等质点相对运动的摩阻能力。它反映了振捣时混凝土拌和物中气体上升排除、集料下沉稳固的难易程度,用于测定混凝土拌和物的振捣易密性。

9. 改进 VC 值

改进 VC 值是用于测定碾压混凝土拌和物稠度的一种改进的稠度。

10. 构造深度

使用拉毛、塑性刻槽或硬性刻槽等工艺制作的沟槽或纹理的平均深度称为构造深度。

### 11. 基准水泥混凝土

不掺掺合料或外加剂的水泥混凝土称为基准水泥混凝土。在对比掺合料的使用效果时，基准水泥混凝土为不掺掺合料但掺有外加剂的混凝土；在比较外加剂的使用效果时，基准水泥混凝土为无掺料和外加剂、用基准水泥配制的混凝土。

### 12. 粉煤灰超量取代法

通过超量取代水泥，使粉煤灰混凝土与基准混凝土在相同龄期获得同等强度的掺配方法，称为粉煤灰超量取代法。

### 13. 粉煤灰超量取代系数

粉煤灰掺入量与其取代水泥用量的比值称为粉煤灰超量取代系数。

### 14. 填缝料形状系数

填缝料灌缝时的深度与宽度之比称为填缝料形状系数。

### 15. 前置钢筋支架法

混凝土路面铺筑过程中，布料前在基层上预先安置胀缝或缩缝传力杆钢筋支架。

### 16. 传力杆插入装置

传力杆插入装置是滑模摊铺机配备的一种可自动插入缩缝传力杆的装置。

### 17. 碱集料反应

碱集料反应指混凝土中的碱和环境中可能渗入的碱，与集料中的碱活性矿物成分在混凝土固化后缓慢发生的导致混凝土破坏的化学反应。

### 18. MB 值

亚甲蓝(MB)值用于判定机制砂中粒径小于 75m 的颗粒主要是泥土还是石粉。

### 19. 砂浆磨光值

砂浆磨光值是指磨光后砂浆表面的摩擦系数。

### 20. 填充体积率

填充体积率是指混凝土中粗集料的体积占有率，用 1m³ 混凝土中粗集料用量除以其视密度计算。

21. 轻物质

表观密度小于2000kg/m³的物质称为轻物质。

# 8.3　原材料技术要求

## 1. 水泥

水泥是水镁石纤维路面混凝土中最重要的胶凝材料。水镁石纤维混凝土路面使用的水泥应符合《施工规范》要求的品种、生产方式、强度、化学成分、物理性能等指标及使用环境。水泥进场时每批量应附有规定的指标合格检验证明。

路面开工前，必须进行混凝土配合比试验，根据抗弯拉强度、耐久性能和工作性能优选适宜的水泥品种。水泥品种一经选定，不得随意变更。

采用机械化铺筑时，水泥的包装形式、出厂温度和搅拌时的温度应符合规范的指定要求。

## 2. 水镁石纤维

水镁石纤维是道路混凝土重要的原料之一，直接影响混凝土路面的抗弯拉强度、抗冲击振动性能、疲劳循环周次、体积稳定性和耐久性能等关键路用性能。

水镁石纤维混凝土路面使用的水镁石纤维应符合第6章的性能指标要求。

水镁石纤维的性能检验应委托有国家认证检验资格的检验机构进行。水镁石纤维进场时，每批量应附有规定的出厂合格证书及性能指标合格的检验证明。

纤维储运中要采取必要的防包装破损措施，防止纤维粉尘飞扬造成环境污染。

水镁石纤维在使用前应事先与外加剂预制成纤维膏。水镁石纤维及纤维膏在装载、运输、存储及应用中要注意防潮，采取必要的防雨措施。

水镁石纤维的检测应按照第6章的相关方法进行。

## 3. 粗集料

粗集料应使用质地坚硬、耐久、洁净的碎石、碎卵石和卵石。性能指标应符合《施工规范》中使用条件和应用环境的指标要求。

粗集料运输应加盖篷布，防止运输过程中被污染。进场的粗集料应有检测合格证书。

粗集料级配的优劣直接影响新拌混凝土的工作性能、黏聚性、匀质性和可振动密实度，影响混凝土单位水泥用量、水灰比和单位用水量，直接关系到抗弯拉强度的大小和混凝土的密实程度，决定着塑性收缩和硬化混凝土的干缩变形性能、抗冻耐久性能。

使用中应根据最大公称粒径的不同，采用 2~4 个粒级的集料进行掺配，并符合《施工规范》合成级配的指标要求。

### 4. 细集料

细集料应采用质地坚硬、耐久、洁净的天然砂、机制砂或混合砂，性能符合《施工规范》中使用条件及应用环境对细集料的相关指标要求。为保证路面的安全性，宜采用中砂作为水镁石纤维混凝土路面细集料。同一配合比用砂的细度模数变化范围不应超过 0.3。

### 5. 粉煤灰及其他掺合料

路面混凝土中可使用粉煤灰、硅灰或磨细矿渣。粉煤灰应采用质量指标符合规定的电收尘Ⅰ级、Ⅱ级干排或磨细粉煤灰，不得使用Ⅲ级粉煤灰。

粉煤灰、硅灰或磨细矿渣在使用前应经过试配检验，应确保路面混凝土抗弯拉强度、工作性能、抗磨性能、抗冻性能等技术指标合格。进货应有等级检验报告，其储存、运输等要求与水泥相同。

### 6. 水

饮用水可直接作为水镁石纤维混凝土搅拌和养护用水，其他水应符合《施工规范》对混凝土用水的水质要求。含泥沙较多的浑水、海水和严重污染的河水、湖水、沼泽水，不得作为水镁石纤维混凝土拌和用水。

### 7. 外加剂

水镁石纤维路面混凝土宜选用减水率大、坍落度损失小、可调控凝结时间且具有纤维劈分等功能的复合外加剂。外加剂的减水率应不小于 15%，质量应符合《混凝土外加剂》(GB/T 8076—2008)高效减水剂质量标准。高温施工宜使用具有引气缓凝(保塑、高效)功能的外加剂，低温施工宜使用具有引气早强(高效)功能的外加剂。选定外加剂品种时，其性能必须与所用的水泥进行适应性检验，且其功能应通过纤维混凝土性能试验验证。同时使用几种外加剂时，要避免发生几种外加剂不能混溶的问题。供应商应提供有相应资质外加剂检测机构的品质检测报告，检测报告应说明外加剂的主要化学成分，认定对人员无毒副作用。

引气剂应选用表面张力降低值大、水泥稀浆中起泡容量多而细密、泡沫稳定时间长、不溶残渣少的产品。有抗冰(盐)冻要求地区，各交通等级路面必须使用引气剂；无抗冰(盐)冻要求地区，二级及二级以上公路路面混凝土中应使用引气剂。

处于海水、海风、氯离子、硫酸根离子环境或冬季撒除冰盐的路面钢筋混凝土，钢纤维混凝土中宜掺阻锈剂。

### 8. 钢筋

目前钢筋在路面工程中已广泛应用。路面混凝土工程所用的钢筋网、传力杆、拉杆等钢筋必须满足相关的国家技术标准，且符合《施工规范》的要求。

### 9. 钢纤维

水镁石纤维可以与钢纤维在混凝土路面中混合使用。

用于水镁石纤维混凝土路面的钢纤维除应满足《混凝土用钢纤维》(YB/T 151—2017)的规定外，还应符合《施工规范》的技术指标要求。

钢纤维应满足其弯曲韧性的要求，即 90%的钢纤维应能经受沿直径 3mm 钢棒弯折 90°不断裂，可以承受剪切弯折应力。

钢纤维表面不得有油污、锈斑、粘连及其他不利于与水泥黏结的杂质，钢纤维内的粘连片、铁屑、锈屑及杂质的总质量不应超过钢纤维总质量的 1%。钢纤维在使用前应检验杂质，并不得超标。

### 10. 接缝材料

接缝材料要求坚韧而富有弹性，适应混凝土面板的膨胀和收缩，弹性复原率高，耐久性能好，不溶于水，高温时不挤出、不流淌、抗嵌入能力强、耐老化龟裂，负温拉伸量大，低温时不脆裂，确保板体能自由伸张无阻，具有良好的封水性能，并能与板缝黏结牢固，耐晒、耐油、耐磨、耐酸碱，符合《施工规范》的性能指标要求。

### 11. 其他材料

路面工程中使用的油毡、玻纤网、土工织物、传力杆套(管)帽、沥青、塑料薄膜及混凝土路面养护的养护剂等，均应符合《施工规范》的性能质量指标规定。

# 8.4　水镁石纤维混凝土配合比

1. 设计原则

水镁石纤维混凝土路面的配合比设计根据《设计规范》，按照普通混凝土配合比设计方法进行。

2. 适用范围

水镁石纤维混凝土配合比设计适用于滑模摊铺机、轨道摊铺机、三辊轴机组及小型机具四种施工方式。

3. 技术要求

水镁石纤维混凝土配合比设计在兼顾经济性的同时，应满足《施工规范》规定的抗弯拉强度、工作性能和耐久性能。

4. 参数确定

混凝土配合比中水镁石纤维膏的用量取水泥用量的 10%。纤维膏的含水量按纤维膏质量的 49% 计算，在实际配制时要从总水量中予以扣除。纤维膏中外加剂引起的混凝土减水率 $\beta$ 取 13%。

混凝土原料配合比应按照《施工规范》规定的普通混凝土配合比设计方法，计算和确定出水灰比、砂率、单位用水量及单位水泥用量。混凝土的单位用水量计算要考虑水镁石纤维膏加入引起的减水量。

混凝土的砂石料用量按密度法计算。混凝土单位质量可取 2400～2450kg/m$^3$。

路面混凝土掺用粉煤灰或磨细矿渣时，其配合比计算应按超量取代法进行。超量部分应代替砂，并折减用砂量。掺量应根据水泥中原有的掺合料数量和混凝土抗弯拉强度、耐磨性等要求由试验确定。

路面混凝土中水镁石纤维与钢纤维共同使用时，应按照《施工规范》中钢纤维混凝土配合比设计方法进行配合比设计。其中水镁石纤维膏的用量仍为水泥用量的 10%，钢纤维掺加比例应根据混凝土力学性能、工作性能和耐久性能要求通过试验确定。

经计算得到的配合比，应验算单位粗集料填充体积率，且不宜小于 70%。

重要路面工程应采用正交试验法进行配合比优选。设计正交表时，应有水泥用量、水灰比、砂率或单位粗集料毛体积几个影响混凝土路用品质的关键变量。

计算得到的配合比要按照《施工规范》的要求，在实验室根据《试验规程》

规定的方法进行试验检验和调整，得到实验室基准配合比。再通过搅拌楼实际拌和检验及不小于 200m 试验路段的验证，并应根据料场砂石料含水量、拌和物实测视密度、含气量、坍落度及其损失，以及施工中原材料含泥量、泥块含量、含水量变化和施工变异性等因素，在满足抗弯拉强度、抗压强度和耐久性能等指标的前提下调整得到施工配合比。室内配合比确定后，实际路面铺筑前，还应进行大型搅拌楼配合比试拌检验，检验通过后，其配合比方可用于摊铺。

施工期间配合比的微调与控制按《施工规范》的要求进行。

# 8.5　施 工 准 备

## 1. 施工机械及施工组织

水镁石纤维混凝土路面施工应使用符合《施工规范》要求的机械装备摊铺，并根据工程量的大小、工期和进度要求，合理配备强制搅拌楼(站)。

开工前，建设单位应组织设计、施工、监理单位进行技术交底。

施工单位应根据设计图纸、合同文件、摊铺方式、机械设备、施工条件等确定混凝土路面施工工艺流程、施工方案，进行详细的施工组织设计，编制科学严谨的工艺流程和施工实施方案，按流程配备好各项工艺环节的人员及辅助机具、工具，并预先储备充足的施工原材料。

施工单位应在开工前对施工、试验、机械、管理等岗位的技术人员和各工种技术工人进行培训，未经培训的人员不得单独上岗操作。

施工单位应根据设计文件，测量校核平面和高程控制桩，复测和恢复路面中心、边缘全部基本标桩，测量精确度应满足相应规范的规定。

施工工地应建立具备相应资质的现场实验室，能够对原材料、配合比和路面质量进行检测和控制，提供符合交工检验、竣工验收和计量支付要求的自检结果。

各种桥涵、通道等构造物应提前建成，确有困难不能通行时，应有施工便道。施工时应确保运送混凝土的道路基本平整、畅通，不得延误运输时间或压坏基层。施工中的交通运输应配备专人进行管制，保证施工有序、安全进行。新建或改建有通车要求的路面施工时，均应对混凝土及其原材料的运输车辆配备专人进行管制，保证施工有序、安全进行。

摊铺现场和搅拌场之间应建立快速有效的通讯联络，及时进行生产调度和指挥。

## 2. 搅拌场设置

搅拌场宜选择进料方便、场地充足、水电容易接通、运输道路使用维修方便、运距经济且靠近摊铺路段中间位置的地方。搅拌场内部布置应满足原材料储运、混凝土运输、供水、供电、钢筋加工等要求，周围应开挖明沟，埋设临时出水管道等排水设施。在进料和出料的线路，特别是交叉口或急转弯地段，要选择利于安全的位置及高度，安装照明设备、线路及器具。场地布置应尽量紧凑，减少占地。搅拌楼应安装在上风位置，确因地形等条件限制，砂石料堆场面积不足时，可在搅拌站附近设置砂石料储备转运场。

搅拌场应保障搅拌、清洗、养护用水的供应，并保证水质。供水量不足时，搅拌场应设置与日搅拌量相适应的蓄水池。蓄水量至少应满足半天以上摊铺工作的需要。

搅拌场应保证充足的电力供应。电力总容量应满足全部施工用电设备、夜间施工照明及生活用电的需要。施工所需电量可从就近电网取用，或自备发电设备保证供电。从安全角度考虑，配电房或发电站应设在地势高处或进行架高。

应确保摊铺机械、运输车辆及发电机等动力设备的燃料供应。离加油站较远的工地宜设置油料储备库。有些进口滑模摊铺机所需柴油、润滑油的品级较高，当地缺乏时需要提前预购。

水泥、粉煤灰、水镁石纤维储存和供应要求：①每台搅拌楼应至少配备 2 个水泥罐仓，如掺粉煤灰还应至少配备 1 个粉煤灰罐仓。当水泥的日用量很大，需要两家以上的水泥厂供应水泥时，不同厂家的水泥应清仓再灌，并分罐存放。严禁粉煤灰与水泥混罐。②应确保施工期间的水泥和粉煤灰供应，加强供应的生产调度、运输组织与现场管理。供应不足或运距较远时，应储备和使用吨包装水泥或袋装粉煤灰，并准备水泥仓库及拆包、输送入灌设备。③搅拌点必须设置水镁石纤维仓库。水泥仓库及水镁石纤维仓库应覆盖或设置顶篷防雨，应设置在地势较高处，严禁水泥、水镁石纤维和粉煤灰受潮或浸水，保证纤维包装不破损、产品不散落。

砂石料储备：①施工前，宜储备正常施工 10～15d 的砂石料。②砂石料场应建在排水通畅的位置，底部可用胶凝材料做硬化处置。不同规格的砂石料之间应有隔离设施，并设标识牌，严禁混杂，严防料堆积水或泥土污染。③在低温天气、雨天、大风天及日照强烈的环境下，应在砂石料堆上部架设顶篷或覆盖，覆盖砂石料量不宜少于正常施工一周的用量。

原材料与混凝土运输车辆不应相互干扰。为减少施工车辆之间的相互干扰，应设置车辆进出道口的环形路，每台或每两台安装在一起的搅拌楼应设相对独立的运料进出通道，并有临时停车场，以提高运输效率，防止砂石料浸水或造成施工污染。

拌和场的布置应高度重视对环境的影响，远离居民区。

## 3. 摊铺前材料与设备检查

在施工准备阶段，应依据混凝土路面设计要求、工程规模，对周边的水泥、钢材、粉煤灰、外加剂、砂石料、水资源、电力、运输等状况进行实地调研。确认符合铺筑混凝土路面的原材料质量、品种、规格，原材料的供应量、供应强度、供给方式、运距等，通过调研优选，初步选择原材料供应商。在满足路面工程质量的前提下，可积极利用地方材料，降低原材料价格，节省运费及土地占用费。

必须建立工地实验室，实验室应具有专业水平的试验人员。实验设备应经过计量单位标定，质量可靠。

开工前工地实验室应对计划使用的原材料进行质量检验和混凝土配合比优选，监理应进行原材料抽检和配合比试验验证，报请业主正式审批。当原材料和配合比发生变化时应重新审批。原材料应通过投标确定。与供应商签订供应合同时，应明确重要原材料(如水泥、粉煤灰、水镁石纤维、外加剂等)的质量技术指标。

应根据路面施工进度安排，保证及时地供给符合原材料技术指标规定的各种原材料，不合格原材料不得进场。所有原材料进出场应进行称量、登记、保管或签发。

原材料路用品质的好坏直接影响着工程质量，因此首要环节是把好原材料的质量检验关。应将相同料源、规格、品种的原材料作为一批，分批量检验和储存。原材料的检验项目和批量应符合《施工规范》的相关规定。

施工前必须对各种机械设备、仪器器材等进行全面检查、调试、校核、标定、维修和保养。主要设备及各种易损零部件有适量储备。

## 4. 路基、基层和封层的检测与修整

路基应稳定、密实、均质，为路面结构提供均匀的支承。对桥头、软基和高填方、填挖方交界等处的路基段，应进行连续沉降观测，并采取切实有效的措施保证路基的稳定性。

当基层铺筑完毕后，应对垫层、基层进行中间质量评定与验收，合格后方可铺筑水泥混凝土面层。

面板铺筑前，应对基层进行全面的破损检查，当基层产生纵向断裂、横向断裂、隆起或碾坏时，应采取《施工规范》规定的方法进行修复。

半刚性上基层表面，宜喷洒热沥青和撒石屑($2\sim3m^3/100m^2$，并按规定压实处理)做滑动封层，或做乳化沥青稀浆封层。沥青封层或乳化沥青稀浆封层的厚度不宜小于 5mm。所撒石屑应全部覆盖沥青，不得有沥青裸露的黑色表面，并

尽量撒布均匀，确保行车不粘轮胎。

过水、浸水或排水不畅的局部路段可使用较厚的坚韧塑料薄膜或密闭土工膜做防水封层。在路面铺筑卸料过程中，应及时清扫遗漏在薄膜表面的混凝土或砂石颗粒，防止薄膜被车轮碾破。

封层交验时必须完好，经过修复的需确认质量合格。当封层出现局部损坏时，摊铺前应采用相同的封层材料进行修补，需经质量检验合格，并由监理签认后，方可铺筑水泥混凝土面层。

# 8.6　混凝土拌和物的搅拌与运输

## 1. 搅拌设备

搅拌场的混凝土拌和能力及混凝土搅拌楼的配置应符合《施工规范》的规定。

水镁石纤维膏制备的分散搅拌机应采用转速为 60r/min 的卧式强制式机械搅拌机。

## 2. 拌和技术要求

### 1) 搅拌楼要求

每台搅拌楼投入生产之前，必须进行标定和试拌，尤其是混凝土搅拌机给料系统和搅拌时间的标定，以保证原料的计量准确和拌和过程顺利进行。标定有效期满或搅拌楼搬迁安装后，均应重新标定。施工中应定期校验，每 15d 校验一次搅拌楼计量精确度。计量偏差不得超过《施工规范》的规定。严禁使用手动操作和配料生产。

### 2) 水镁石纤维膏的制备

水镁石纤维膏由复合外加剂、水镁石纤维及水预先拌制而成，制作配比见表 8-1。

表 8-1　纤维膏制作配比

| 指标 | 水镁石纤维 | 复合外加剂 | 水 |
|---|---|---|---|
| 质量/kg | 400 | 110 | 490 |
| 质量比 | 1 | 0.275 | 1.225 |

湿纤维膏制作工艺：F 型复合外加剂→加入纤维分散搅拌机→加入水镁石纤维→加水搅拌 10min→出料→密封放置 24h 备用。

纤维膏制作过程中要保证各原料搅拌充分、均匀，使纤维完全润湿、分散。

纤维膏密封放置分装量应按每盘混凝土原材料用量计量，以减少现场称料的误差，并简化现场施工操作。计量后用塑料袋分装，密封放置。纤维膏放置时要注意防晒、防雨、防风、防污染、防止水分蒸发损失。

3) 水镁石纤维混凝土拌和

必须采用强制式混凝土搅拌机搅拌混凝土，严禁人工拌和混凝土。

混凝土拌和投料顺序与拌和时间：砂+石+水泥+纤维膏→投入料斗→入搅拌机→搅拌 1min→加水拌和 2.5min→出料。为保证拌和均匀和纤维的均匀分散，湿料的搅拌时间不得缩短。

严格控制用水量。雨天时，要重新检测砂石含水量，及时调整配合比。

4) 混凝土拌和

混凝土拌和过程中，不得使用沥水、表面沾染尘土和局部暴晒过热的砂石料，只有经过特殊处理后才能使用。

5) 其他外加剂及钢纤维

其他外加剂及钢纤维的加入按《施工规范》的规定执行。

6) 粉煤灰或其他掺合料

粉煤灰或其他掺合料应采用与水泥相同的输送、计量方式。粉煤灰混凝土的纯拌和时间应比不掺粉煤灰的混凝土延长 10～15s。当同时掺用引气剂时，宜通过试验适当增大引气剂掺量，以达到规定含气量。引气粉煤灰混凝土的引气剂掺量应通过试验加倍剂量使用。

7) 拌和物质量检验与控制

拌和物质量检验与控制应按照《施工规范》的规定进行。

3. 运输车辆及运输技术要求

机械摊铺系统配套的运输车可选配车况优良、载重 5～20t 的自卸车。自卸车后挡板应关闭紧密，运输时不漏浆撒料，运输车箱板应平整光滑。远距离运输或摊铺钢筋混凝土路面时，宜选配混凝土罐车。

应根据施工进度、运量、运距及路况，按照《施工规范》规定的计算方法选配车型和车辆总数。总运力应比总拌和能力略有富余，确保新拌混凝土在规定时间内运到摊铺现场。

运到现场的拌和物必须具有适宜摊铺的工作性能。不同摊铺工艺及应用条件的混凝土拌和物从搅拌机出料到运输、铺筑完毕的允许最长时间应符合《施工规范》的规定。不满足时应通过试验，加大缓凝剂或保塑剂的剂量。

混凝土拌和物的运输除应满足上述规定外，还应符合下列技术要求。①运送混凝土的车辆装料前，应清净厢罐，洒水润壁，排干积水。装料时，自卸车应挪动车位，防止离析。搅拌楼卸料落差不应大于 2m。②混凝土运输过程中应防止漏浆、漏料和污染路面，途中不得随意耽搁。自卸车运输应减小颠簸，防止拌和物离析。车辆起步和停车应平稳。③超过规定摊铺允许最长时间的混凝土不得用于路面摊铺。混凝土一旦在车内停留超过初凝时间，应采取紧急措施处置，严禁混凝土硬化在车厢(罐)内。④高温、大风、雨天和低温天气远距离运输时，为了防雨、防冻和防止拌和物干燥、蒸发，自卸车应有遮盖混凝土的设施，加保温隔热套。⑤自卸车运输混凝土最远运输半径不宜超过 20km。⑥运输车辆在模板或导线区调头或错车时，严禁碰撞模板或基准线，一旦碰撞，应重新测量纠偏。⑦车辆倒车及卸料时，应有专人指挥。卸料应到位，严禁碰撞摊铺机和前场施工设备及测量仪器。卸料完毕，车辆应迅速离开。

# 8.7　混凝土面层铺筑

## 8.7.1　滑模机械铺筑

1. 机械配置

在混凝土面层铺筑中，用于钢筋加工、测量放线、搅拌、运输、摊铺、挖掘、装载、布料、抗滑、切缝、磨平、灌缝、养护等作业的机械配备均应满足《公路水泥混凝土路面施工技术细则》(JTG/T F30—2014)。

滑模摊铺混凝土路面应使用拉线设置方式。基准线设置形式主要有单向坡双线式、单向坡单线式和双向坡双线式三种。

基准线宽度：除应保证摊铺宽度外，还应满足两侧 650～1000mm 横向支距的要求。

基准线桩纵向间距：基准线设置由中线组敷设中、边桩位置，每隔一定距离在作业面左右侧各打一根导线桩，平面直线段间距 10m，曲线段加密到 5m，平面缓和曲线或纵断面小半径竖曲线段间距 1～5m。

线桩固定：基层顶面到夹线臂的高度宜为 450～750mm。基准线桩夹线臂夹口到桩的水平距离宜为 300mm。基准线桩应钉牢固。

基准线长度：单根基准线的最大长度不宜大于 450m。

基准线拉力：不应小于 1000N。

基准线设置精确度：应符合《施工规范》的规定。

基准线保护：基准线设置后，严禁扰动、碰撞和振动。一旦碰撞变位，应立即重新测量纠正。多风季节施工，应缩小基准线桩间距。

2. 摊铺准备

所有施工设备和机具均应处于良好状态，并全部就位。

基层、封层表面及履带行走部位应清扫干净。摊铺面板位置应洒水湿润，但不得积水。

横向连接摊铺时，前次摊铺路面纵缝的溜肩胀宽部位应切割顺直。侧边拉杆应校正扳直，缺少的拉杆应钻孔锚固植入。纵向施工缝的上半部缝壁应满涂沥青，切实保证纵缝顺直及防水密封。

板厚检查、板厚控制必须在摊铺前的拉线上进行，并要求场站监理认可。

3. 布料

滑模摊铺机前的正常料位高度应在螺旋布料器叶片最高点以下，且不得缺料。卸料、布料应与摊铺速度相协调。

当坍落度在 10~50mm，有布料机时，布料松铺系数宜控制在 1.08~1.15。布料机与滑模摊铺机之间的施工距离宜控制在 5~10m。

摊铺钢筋混凝土路面或搭板时，严禁任何机械架于钢筋网架上。

4. 滑模摊铺机的施工参数设定及校准

摊铺开始前，应对摊铺机进行全面性能检查和正确的施工部件位置参数设定。施工中，应将工作参数设定为正确值，并且在摊铺施工过程中逐步优化各项工作参数，优化后的各参数应严格固定，防止扰动和变位。

振捣棒下缘位置应在挤压底板最低点以上，振捣棒的横向间距不宜大于450mm，均匀排列；两侧最边缘振捣棒与摊铺边沿距离不宜大于250mm。

挤压底板前倾角宜设置为3°左右。提浆夯板位置宜在挤压底板前缘以下 5~10mm。

超铺高程及搓平梁的设置。①超铺高程：设超铺角的滑模摊铺机两边缘超铺高程根据拌和物稠度，宜在 3~8mm 调整。②搓平梁：前沿宜调整到与挤压底板后沿高程相同，搓平梁的后沿比挤压底板后沿低 1~2mm，并与路面高程相同。

首次摊铺位置校准：滑模摊铺机首次摊铺路面，应挂线对其铺筑位置、几何参数和机架水平度进行调整和校准，正确无误后，方可开始摊铺。

在开始摊铺的 5m 内，应在铺筑行进中对摊铺的路面标高、边缘厚度、中线、横坡度等参数进行复核测量。摊铺开始后，必须对摊铺的路面标高、厚度、宽度、中线、横坡度等技术参数进行测量。机手应根据测量结果及时微调摊铺机上传感器、挤压底板位置，拉杆打入深度及压力，抹平板的压力及侧模边缘位置。侧模边缘位置可通过在方向传感器一侧用钢尺测量其到拉线距离来确定，消除摊铺中线误差可通过在行进中调整方向传感器横杆距离来实现，这些调整必须在摊铺行进中逐渐进行，严禁停机调整，防止路面出现停机棱槽，一旦出现严重影响平整度的棱槽，必须重做。摊铺机从起步至调整正常，应在 10m 内完成。

满足摊铺要求的参数设置应固定下来，不允许非操作手擅自更改。

经试验段铺筑验证，摊铺机的摊铺层符合规范要求后方可正式投入生产。

5. 铺筑作业技术要领

1) 摊铺速度

摊铺速度应根据拌和物稠度、供料多少和设备性能，控制在 0.5～3.0m/min，一般宜控制在 1.0m/min 左右。拌和物稠度发生变化时，应先调振捣频率，后改变摊铺速度。

滑模摊铺机应缓慢、匀速、连续不间断地作业，严禁料多追赶、随意停机等待、间歇摊铺。停机次数越多，摊铺机挤压底板静止压力产生影响平整度的横向槽越多。

2) 松方高度板

应随时调整松方高度板，控制进料位置，摊铺开始时可略微设高，以保证进料。正常摊铺时应保持振捣仓内料位高于振捣棒 100mm 左右，料位高低波动宜控制在±30mm 之内。

3) 振捣频率控制

正常摊铺时，振捣频率可在 6000～11000r/min 调整，宜采用 9000r/min 左右的频率。应防止混凝土漏振、欠振或过振。应根据混凝土的稠度大小，随时调整摊铺的振捣频率或速度。摊铺机起步时，应先开启振捣棒振捣 2～3min，再缓慢平稳推进。摊铺机脱离混凝土后，应立即关闭振捣棒组，防止无负载振动烧坏振捣棒。可单独调整每根振捣棒振捣频率的滑模摊铺机左右两侧卸下稠度不同的两车料时，应将拌和物稠度较大一侧振捣棒的振捣频率迅速调大，较小一侧振捣频率迅速调小，以保证两侧具有均匀一致的密实度与提浆厚度。

4) 纵坡施工

滑模摊铺机满负荷时可铺筑的路面最大纵坡度为上坡坡度 5%，下坡坡度 6%。上坡时，挤压底板前仰角宜适当调小，并适当调小抹平板压力；坡度较大时，为了防止摊铺机过载，宜适当调整挤压底板前仰角。下坡时，前仰角宜适当调大，并适当调大抹平板压力。当摊铺机板底大于 3/4 的长度与路表面接触时，抹平板压力适宜。

5) 弯道施工

滑模摊铺机施工的最小弯道半径不应小于 50m，最大超高横坡度不宜大于 7%。滑模摊铺弯道和渐变段路面时，应随时观察并调整抹平板内外侧的抹面距离，防止压垮边缘。摊铺中央路拱时，在计算机控制条件下，输入弯道和渐变段边缘及拱中几何参数，计算机自动控制生成路拱；手控条件下，机手应根据路拱消失和生成几何位置，在给定路段范围内分级逐渐消除和调成路拱。进出渐变段时，保证路拱的生成和消失，保证弯道和渐变段路面几何尺寸的正确性。

6) 插入拉杆

摊铺单车道路面，应视路面的设计要求配置一侧或双侧插入纵缝拉杆的机械装置。侧向拉杆的正确插入位置，应在挤压底板下混凝土板的中间或偏后部位。拉杆插入方式分为手推、液压、气压几种，压力应满足一次顶推到位，不允许多次插入或在摊铺机后人工插入。

同时摊铺 2 个以上车道时，除侧向插入拉杆的装置外，还应在假纵缝位置中间配置 1 个以上中间拉杆自动插入装置，该装置有前插和后插 2 种配置。前插时，应保证拉杆的设置位置；后插时，要消除插入后上部混凝土的破损缺陷，应用振动搓平梁或局部振动板来修复缺陷，以保证其插入部位混凝土密实。带振动搓平梁和振动修复板的滑模摊铺机应选择后插，其他滑模摊铺机可使用前插。插入的拉杆必须处在路面板厚中间位置。中间和侧向拉杆插入的位置误差均不得大于±2cm，前后误差不得大于±3cm。

7) 抹面与控制表面砂浆层厚度

机手应随时密切观察摊铺的路面效果，注意调整和控制摊铺速度、振捣频率，以及夯实杆、振动搓平梁和抹平板位置、速度和频率。

软拉抗滑构造时，表面砂浆层厚度宜控制在 4mm 左右，硬刻槽路面的表面砂浆层厚度宜控制在 2～3mm。

8) 允许履带碾压的混凝土强度

连接摊铺时，先摊铺的一侧路面应经过至少 5～7d 的养护，方允许履带碾压。同时，钢履带底部应铺橡胶垫或使用有挂胶履带的滑模摊铺机，以防止履带损伤前幅路面。

6. 常见问题处置

摊铺过程中应经常检查振捣棒的工作情况和位置：路面出现麻面或拉裂现象时，必须停机检查或更换振捣棒。摊铺后，路面上出现发亮的砂浆条带时，必须调高振捣棒位置，使其底缘在挤压底板的后缘高度以上。

两侧拌和物稠度不一致时的摊铺：摊铺宽度大于 7.5m 时，若左右两侧拌和物稠度不一致，摊铺速度应按偏干一侧设置，并应将偏稀一侧的振捣棒频率迅速调小，保证施工路面密实、不塌边溜肩，保持基本相同的表面砂浆层厚度。

控制横向拉裂：路面一旦出现横向拉裂，应从如下几方面进行检查。①拌和物局部或整体过于干硬、离析，骨料粒径过大，不适宜滑模摊铺，或在该部位摊铺速度过快，振捣频率不够，混凝土未振动液化而拉裂。应降低摊铺速度、提高振捣频率。②检查挤压底板的位置和前角角设置是否变化，前倒角时必定拉裂，前仰角过大时也可能拉裂，应在行进中调整前 2 个水平传感器，即改变挤压底板为适宜的前仰角以消除拉裂现象。③拌和物较干硬或等料停机时间较长、起步摊铺速度过快，也可能拉裂路面。等料停机时间较长时，每隔 15min 开启振捣棒振动 2～3min；起步摊铺时，宜先振捣 2～3min，再缓慢推进。

应通过调整拌和物稠度、停机待料时间、挤压底板前仰角、起步及摊铺速度等措施控制和消除横向拉裂现象。从料的稠度、操作、前仰角和起步速度几方面来防止拉裂，最重要的是拌和物不得过干。在施工中，可采取加强较干硬混凝土的振捣、调整挤压底板的前仰角、缓慢起步摊铺等措施，有效地防止滑模摊铺中的路面拉裂。

当混凝土供应不上，或搅拌楼出现机械故障等情况，停机等待时间不得超过当时气温下混凝土初凝时间的 4/5。超过此时间，应将滑模摊铺机开出摊铺工作面，并做施工缝。当滑模摊铺机出现机械故障，应紧急通知后方搅拌楼停止生产。若在故障停机时间内，滑模摊铺机内混凝土尚未初凝，能够排除故障，则允许继续摊铺，否则应尽快将滑模摊铺机拖出工作面，检修正常后重新摊铺。

7. 滑模摊铺

滑模摊铺过程中应采用自动抹平板装置进行抹面。对少量局部麻面和明显缺料部位，应在挤压底板后或搓平梁前补充适量拌和物，由搓平梁或抹平板机械修整。滑模摊铺的混凝土面板在下列情况下，可人工进行局部修整。

(1) 人工操作抹面抄平器，精整摊铺后表面的小缺陷，但不得在整个表面加薄层修补路面标高。

(2) 对于纵缝边缘出现的倒边、塌边、溜肩现象，应顶侧模或在上部支方铝管进行边缘补料修整。

(3) 对于起步和纵向施工接头处，应采用水准仪抄平并采用大于 3m 的靠尺边测边修整。确保起步与接头部位的平整度，防止接头跳车。

8. 滑模摊铺结束

滑模摊铺结束后，必须及时完成下述工作。

(1) 彻底清洗滑模摊铺机与混凝土接触的工作部位，已经结硬的混凝土必须剔除干净，当日进行保养，加油加水，打润滑油等。

(2) 应丢弃端部的混凝土和摊铺机振动仓内遗留的纯砂浆。设置施工缝端模，并用水准仪测量面板高程和横坡度。为使下次摊铺能紧接着施工缝开始，两侧模板应向内各收进 20～40mm，收口长度宜比滑模摊铺机侧模板略长。施工缝部位应设置传力杆，并应满足路面平整度、高程、横坡度和板长要求。在开始摊铺和施工接头时，应做好端头和结合部位的平整度，防止工作缝结合部跳车。

### 8.7.2 模板及其架设与拆除

1. 模板技术要求

公路混凝土路面板和加铺层的施工模板应采用刚度足够的槽钢、轨模或钢制边侧模板，不应使用木模板、塑料模板等其他易变形的模板。模板的精确度应符合《施工规范》的规定。钢模板的高度应为面板设计厚度，模板长度宜为 3～5m。设置拉杆时，模板应设拉杆插入孔。每米模板应设置 1 处支撑固定装置。模板垂直度用垫木楔方法调整。

横向施工缝端模板应按设计规定的传力杆直径和间距，设置传力杆插入孔和定位套管。两边缘传力杆到自由边距离不宜小于 150mm，每米设置 1 个垂直固定孔套。

模板或轨模数量应根据施工进度和施工气温确定，并满足拆模周期内周转需要。一般情况下，模板或轨模总量不宜少于 3～5d 摊铺需要的数量。

2. 模板安装

支模前在基层上应进行模板安装及摊铺位置的测量放样，每 20m 应设中心桩；每 100m 应布设临时水准点；核对路面标高、面板分块、胀缝和构造物位置。测量放样的质量要求和允许偏差应符合相应规范的规定。

纵横曲线路段应采用短模板，每块模板中点应安装在曲线切点上。

轨道摊铺应采用长度为 3m 的专用钢制轨模，轨模底面宽度宜为高度的80%，轨道用螺栓、垫片固定在模板支座上，模板应使用钢钎与基层固定。轨道顶面应高于模板 20～40mm，轨道中心至模板内侧边缘距离宜为 125mm。

模板应安装稳固、顺直、平整、无扭曲，相邻模板连接应紧密平顺，不得有底部漏浆、前后错茬、高低错台等现象。模板应能承受摊铺、振实、整平设备的负载行进，冲击和振动时不发生位移。严禁在基层上挖槽，嵌入安装模板。

模板安装检验合格后，与混凝土拌和物接触的表面应涂脱模剂或隔离剂；接头应粘贴胶带或塑料薄膜等密封。

模板安装完毕，测量人员应使用与设计板厚相同的测板作全断面检验，其安装精确度应符合《施工规范》的规定。

3. 模板拆除及矫正

混凝土抗压强度不小于 8.0MPa 方可拆模。当缺乏强度实测数据时，边侧模板的允许最早拆模时间宜符合《施工规范》的规定。达不到要求而不能拆除端模时，可空出一块面板，重新起头摊铺，空出的面板待两端均可拆模后再补做。

拆模不得损坏板边、板角和传力杆、拉杆周围的混凝土，也不得造成传力杆和拉杆松动或变形。模板拆卸宜使用专用拔楔工具，严禁使用大锤强击拆卸模板。

应将拆下的模板黏附的砂浆清除干净，并矫正变形或局部损坏。

### 8.7.3　三辊轴机组铺筑

1. 设备选择与配套

三辊轴整平机的主要技术参数应符合《施工规范》的规定。板厚 200mm 以上宜采用直径为 168mm 的辊轴；厚度较小的路面可采用直径为 219mm 的辊轴。轴长宜比路面宽度大 600～1200mm。振动轴的转速不宜大于 380r/min。

三辊轴机组铺筑混凝土面板时，必须同时配备一台安装插入式振捣棒组的排式振捣机，振捣棒的直径宜为 50～100mm，间距不应大于其有效工作半径的 1.5 倍，且不大于 500mm。插入式振捣棒组的振动频率可在 50～200Hz 选择，当面板厚度较大和坍落度较低时，宜使用 100Hz 以上的高频振捣棒。该机组宜同时配备螺旋布料器和松方控制刮板，并具备自动行走功能。

当铺装厚度小于 150mm 时，可采用振捣梁。振捣频率宜为 50～100Hz，振捣加速度宜为 4～5$g$($g$ 为重力加速度)。

当一次摊铺双车道路面时，应配备纵缝拉杆插入机，并配有插入深度控制和拉杆间距调整装置。

其他施工辅助配套设备可参照《施工规范》的相关数据选配。

2. 工艺流程

布料→密集排振→拉杆安装→人工补料→三辊轴整平→(真空脱水)→(精平饰面)→拉毛→切缝→养护→(硬刻槽)→填缝。

3. 铺筑作业技术要求

应有专人指挥车辆均匀卸料，布料应与摊铺速度相适应，不适应时应配备适当的布料机械。坍落度为 10～40mm 的拌和物，松铺系数为 1.12～1.25，坍落度大时取低值，坍落度小时取高值。超高路段的横坡高侧取高值，横坡低侧取低值。

当混凝土拌和物布料长度大于 10m 时，开始振捣作业。密排振捣棒组间歇插入振实时，每次移动距离不宜超过振捣棒有效作用半径的 1.5 倍，且不得大于 500mm，振捣时间宜为 15～30s。排式振捣机连续拖行振实时，作业速度宜控制在 4m/min 以下。具体作业速度根据振实效果，可由《施工规范》中的相关公式计算。

面板振实后，应随即安装纵缝拉杆。单车道摊铺的混凝土路面，在侧模预留孔中按设计要求插入拉杆；一次摊铺双车道路面时，除在侧模预留孔中插入拉杆外，还应在中间纵缝部位使用拉杆插入机在 1/2 板厚处插入拉杆，插入机每次移动的距离应与拉杆间距相同。

三辊轴整平机作业：①三辊轴整平机按作业单元分段整平，作业单元长度宜为 20～30m，振捣机振实与三辊轴整平两道工序之间的时间间隔不宜超过15min；②三辊轴滚压振实料位高差宜高于模板顶面 5～20mm，过高时应铲除，过低时应及时补料；③三辊轴整平机在一个作业单元长度内，应采用前进振动、后退静滚方式作业，分别进行 2～3 遍，最佳滚压遍数应经过试铺确定；④在三辊轴整平机作业时，应有专人处理轴前料位高低，过高时应辅以人工铲除，轴下有间隙时应使用混凝土找补；⑤滚压完成后，将振动辊轴抬离模板，用整平轴前后静滚整平，直到平整度符合要求、表面砂浆层厚度均匀；⑥表面砂浆层厚度宜控制在 4mm±1mm，三辊轴整平机前方表面过厚、过稀的砂浆必须刮除丢弃。

应采用长度为 3～5m 的刮尺在纵、横两个方向精平饰面，每个方向不少于两遍。也可采用旋转抹面机密实精平饰面两遍。刮尺、刮板、抹面机、抹刀饰面的最长时间不得大于《施工规范》规定的铺筑完毕允许最长时间。

### 8.7.4　轨道摊铺机铺筑

1. 机械选型与配套

轨道摊铺机的选型应根据路面车道数或设计宽度，按《施工规范》的技术参数进行。最小摊铺宽度不得小于单车道宽度 3.75m。

轨道摊铺机按布料方式不同，可选用刮板式、箱式和螺旋式。

其他设备可参照《施工规范》的规定配套。

2. 铺筑作业

1) 布料

使用轨道摊铺机前部配备的螺旋布料器或可上下左右移动的刮板布料，料堆不得过高、过大，亦不得缺料。可使用挖掘机、装载机或人工辅助布料。螺旋布料器前的拌和物应保持在面板以上 100mm 左右，布料器后宜配备松铺高度控制刮板。也可使用有布料箱的轨道摊铺机精确布料，箱式轨道摊铺机的料斗出料口关闭时，装进拌和物并运到布料位置，轻轻打开料斗出料口，待拌和物堆成堤状，左右移动料斗布料。

轨道摊铺的适宜坍落度按振捣密实情况宜控制在 20～40mm。不同坍落度的松铺系数 K 可参考《施工规范》确定，并按此计算出松铺高度。

钢筋混凝土路面施工时，宜选用(两台)箱型轨道摊铺机分两层两次布料。可在第一层布料完成后，将钢筋网片安装好，再进行表面第二次布料，然后一次振实；也可两次布料两次振实，中间安装钢筋网。采用两层两遍摊铺钢筋混凝土路面时，下部混凝土的布料与摊铺长度应根据钢筋网片长度和第一层混凝土凝结情况而定，且不宜超过 20m。

2) 振实作业

轨道摊铺机应配备振捣棒组，振捣方式有斜插连续拖行和间歇垂直插入两种。当面板厚度超过 150mm、坍落度小于 30mm 时，必须采用插入振捣；连续拖行振捣时，宜将作业速度控制在 0.5～1.0m/min，并随着坍落度的大小而增减。间歇振捣时，一处混凝土振捣密实后，将振捣棒组缓慢拔出，再移动到下一处振实，移动距离不宜大于 500mm。

轨道摊铺机应配备振动板或振动梁，对混凝土表面进行振捣和修整，振动梁的振捣频率宜控制在 50～100Hz，偏心轴转速调节到 2500～3500r/min。经振捣棒组振实的混凝土，宜使用振动板振动提浆并密实饰面，提浆厚度宜控制在 4mm±1mm。

3) 整平饰面

往复式整平滚筒前的混凝土堆积物应涌向横坡高的一侧，保证路面横坡高端有足够的料找平。

及时清理因整平推挤到路面边缘的余料，以保证整平精度和整平机械在轨道上作业行驶。

轨道摊铺机上宜配备纵向或斜向抹平板。纵向抹平板随轨道摊铺机作业行进，可左右贴表面滑动并完成表面修整；斜向抹平板作业时，抹平板沿斜向左右滑动，同时随机身行进完成表面修整。

精平饰面操作要求与前文相同。

### 8.7.5　小型机具铺筑

小型机具应性能稳定可靠、操作简易、维修方便，机具配套应与工程规模、施工进度相适应。选配的成套机械、机具应符合《施工规范》的要求。

1. 摊铺、振实与整平

1) 摊铺

混凝土拌和物摊铺前，应对模板的位置，支撑稳固情况，传力杆、拉杆的安设等进行全面检查，修复破损基层并洒水润湿。用厚度标尺板全面检测板厚，与设计值相符，方可开始摊铺。

专人指挥自卸车，尽量准确卸料。

人工布料应用铁锹反扣，严禁抛掷和耧耙。人工摊铺混凝土拌和物的坍落度应控制在 5～20mm，拌和物松铺系数宜控制在 1.10～1.25，料偏干时取较高值，反之取较低值。

因故停工 1h 以上或达到 2/3 初凝时间，拌和物无法振实时，应在已铺筑好的面板端头设置施工缝，废弃不能被振实的拌和物。

2) 插入式振捣棒振实

在待振横断面上，每车道路面应使用 2 根振捣棒，组成横向振捣棒组，沿横断面连续振捣密实，并注意路面板底、内部和边角处不得欠振或漏振。

振捣棒在每一处的持续时间应以拌和物全面振动液化、表面不再冒气泡和泛水泥浆为限，不宜过振，也不宜少于 30s。振捣棒的移动间距不宜大于 500mm，至模板边缘的距离不宜大于 200mm。应避免碰撞模板、钢筋、传力杆和拉杆。

振捣棒插入深度宜距离基层 30～50mm，振捣棒应轻插慢提，不得猛插快拔，严禁在拌和物中推行和拖拉振捣棒振捣。

振捣时应辅以人工补料，随时检查振实效果和模板、拉杆、传力杆、钢筋网的移位、变形、松动、漏浆等情况，并及时纠正。

3) 振动板振实

在振捣棒已完成振实的部位，可开始振动板纵横交错两遍全面提浆振实，每车道路面应配备 1 块振动板。

振动板移位时，应重叠 100～200mm，振动板在一个位置的持续振捣时间不应少于 15s。振动板须由两人提拉振捣和移位，不得自由放置或长时间持续振动。移位控制以振动板底部和边缘泛浆厚度 3mm±1mm 为限。

缺料的部位应辅以人工补料找平。

4) 振动梁振实

每车道路面宜使用 1 根振动梁。振动梁应具有足够的刚度和质量，底部应焊接或安装深度 4mm 左右的粗集料压实齿，保证 4mm±1mm 的表面砂浆层厚度。

振动梁应垂直路面中线沿纵向拖行，往返 2～3 遍，使表面泛浆均匀平整。在振动梁拖振整平过程中，缺料处应使用混凝土拌和物填补，不得用纯砂浆填补；料多的部位应铲除。

5) 整平饰面

每车道路面应配备 1 根滚杠(双车道 2 根)。振动梁振实后，应拖动滚杠往返 2～3 遍提浆整平。第一遍应短距离缓慢推滚或拖滚，之后应较长距离匀速拖滚，并将水泥浆始终赶在滚杠前方。多余水泥浆应铲除。

拖滚后的表面宜采用 3m 刮尺纵横各 1 遍整平饰面，或采用叶片式或圆盘式抹面机往返 2～3 遍压实整平饰面。每车道路面配备抹面机不宜少于 1 台。

在抹面机完成作业后,应进行清边整缝、清除粘浆、修补缺边和掉角。应使用抹刀将抹面机留下的痕迹抹平,烈日暴晒或风大时,应加快表面的修整速度,或在防雨篷庇荫下进行。精平饰面后的面板表面应无抹面印痕,致密均匀,无露骨,平整度应达到规定要求。

2. 真空脱水工艺要求

小型机具施工三级、四级公路混凝土路面,应优先在拌和物中掺外加剂。无掺外加剂条件时,应使用真空脱水工艺,该工艺适用于面板厚度不大于 240mm 的混凝土面板施工。

使用真空脱水工艺时,混凝土拌和物的最大单位用水量可比不采用外加剂时增大 $3\sim12kg/m^3$;拌和物适宜坍落度在高温天气下为 $30\sim50mm$,在低温天气下为 $20\sim30mm$。

真空脱水机具应满足:①真空度稳定,有自动脱水计量装置和有效抽速不小于 15L/s 的脱水机;②具有真空度均匀、密封性能好、脱水效率高、操作简便、铺放容易、清洗方便的真空吸垫,每台真空脱水机应配备不少于 3 块吸垫。

真空脱水作业:①脱水前应检查真空泵空载真空度不小于 0.08MPa,并检查吸管、吸垫连接后的密封性,同时应检查随机工具和修补材料是否齐备;②吸垫铺放应采取卷放的方式,避免皱折,边缘应与已脱水的面板重叠 $50\sim100mm$;③开机脱水,真空度逐渐增大,最大真空度不宜超过 0.085MPa,脱水量经过脱水试验确定,剩余单位用水量和水灰比不得大于《施工规范》中的最大值;④最短脱水时间不宜小于《施工规范》的规定,当脱水达到规定时间和脱水量要求后(双控),应先将吸垫四周微微掀起 $10\sim20mm$,继续抽吸 15s,以吸尽作业表面和吸管中的余水。

真空脱水后,应采用振动梁、滚杠或叶片式、圆盘式抹面机重新压实精平 $1\sim2$ 遍。

真空脱水整平后的路面,应采用硬刻槽方式制作抗滑构造。

真空脱水混凝土路面切缝时间可比规定时间适当提前。

# 8.8　钢筋及钢纤维混凝土路面铺筑

采用钢筋混凝土和钢纤维混凝土路面时,其混凝土材料可以是水镁石纤维混凝土材料。水镁石纤维混凝土的配制、拌和、运输和摊铺等方法与普通混凝土相同。

## 8.8.1　钢筋混凝土路面铺筑

铺筑前,应按设计图纸对钢筋网设置位置、路面板块、地梁和接缝位置等进行准确放样。路面板块的平面位置与普通混凝土路面相同，平面偏差不大于10mm；钢筋网宽度应小于面板宽度，且左右均不小于100mm。

1. 钢筋网加工与安装

1) 钢筋网加工

钢筋网采用的钢筋直径、间距，钢筋网的设置位置、尺寸、层数等应符合设计图纸的要求。

钢筋网焊接和绑扎应符合国家相关标准的规定。

可采用工厂焊接好的冷轧带肋钢筋网，其质量应符合国家相关标准的规定。钢筋直径和间距应按设计的非冷轧钢筋等强互换为冷轧带肋钢筋。

2) 钢筋网安装

在混凝土路面机械摊铺过程中，钢筋网及其骨架很容易发生移动、变位与变形，从而影响其作用发挥。因此，必须采取有效措施使钢筋网及其骨架稳定而准确地安设在设计位置。为确保钢筋网及其骨架安装稳定、位置准确，施工过程中可采取下列措施。

钢筋网应采用预先架设安装方式。单层钢筋网的安装，在确保精度的条件下，可采用两次摊铺、中间摆设钢筋网的安装方式。

单层钢筋网的安装高度应在面板中下部 $1/3h\sim1/2h$ 处($h$ 为面板厚度)，外侧钢筋中心至接缝或自由边的距离不宜小于 100mm，并应配置 $4\sim6$ 个/$m^2$ 的焊接支架或三角形架立钢筋支座，保证在拌和物堆压下钢筋网基本不下陷、不移位。单层钢筋网不得使用砂浆或混凝土垫块架立。

钢筋网的主受力钢筋应设置在弯拉应力最大的位置。单层钢筋网纵筋应安装在底部，双层钢筋网纵筋应分别安装在上层顶部和下层底部。双层钢筋网上、下层之间不应少于 $4\sim6$ 个/$m^2$ 焊接支架或环形绑扎箍筋。双层钢筋网底部可采用焊接架立钢筋或用 30mm 厚的混凝土垫块支撑，数量不少于 $4\sim6$ 个/$m^2$。

双层钢筋网底部到基层表面应有厚度不小于 30mm 的保护层，顶部面板表面应有厚度不小于 50mm 的耐磨保护层。

横向连接摊铺钢筋混凝土路面之间的拉杆应比普通混凝土路面加密 1 倍。双车道整体摊铺的路面板钢筋网应整体连续，可不设纵缝。

2. 边缘补强和角隅补强钢筋的设置位置和安装方法

1) 边缘补强钢筋

边缘补强钢筋应设于交叉口和基础薄弱路段，如高速公路立交的变速车道部位、高填方路段或桥头、软基路段。

预先按设计图纸加工焊接好边缘补强钢筋支架，在距纵缝和自由边 100～

150mm 处的基层上钻孔，钉入支架锚固钢筋，然后将边缘补强钢筋支架与锚固钢筋焊接，两端弯起处应各有 2 根锚固钢筋交错与支架相焊接，其他部位每延米不少于 1 根焊接锚固钢筋。边缘补强钢筋的安装位置在距底面 1/4 厚度且不小于 30mm 处，间距为 100mm。

2) 角隅补强钢筋

设置位置：路面应补强锐角角隅钢筋，双层钢筋混凝土路面及搭板须进行角隅补强时，可等强互换成与钢筋网等直径的钢筋，按需补强。总之，按照应力最大原则，在最易于破坏的位置进行补强。

由于发针状角隅钢筋只有一个连接点，所以规定应焊接牢固，不得绑扎，也可并入整体钢筋网。发针状角隅钢筋由两根直径为 12～16mm 的螺纹钢筋按 $\alpha/3$ ($\alpha$ 为补强锐角角度)的夹角焊接制成，底部应焊接 5 根支撑腿。安装位置距板顶不小于 50mm，距板边 100mm。

3. 钢筋网和钢筋骨架的质量检验

钢筋网和钢筋骨架焊接和绑扎的精确度应符合《施工规范》的规定。

钢筋焊接搭接长度：双面焊搭接长度不小于 $5d$ ($d$ 为钢筋直径)，单面焊搭接长度不小于 $10d$，相邻钢筋的焊接位置应错开，焊接端连线与纵向钢筋的夹角应小于 $60^{\circ}$。钢筋绑扎搭接长度不应小于 $35d$。同一垂直断面上不得有 2 个焊接或绑扎接头，相邻钢筋的焊接或绑扎接头应分别错开 500mm 和 900mm 以上。连续钢筋网宜每隔 30m 采用绑扎方式安装。

除了焊接与绑扎方法外，也可使用螺纹套管法和对接电弧焊接法。

摊铺前应检验绑扎或焊接安装好的钢筋网和钢筋骨架，不得有贴地、变形、移位、松脱和开焊现象。路面钢筋网和钢筋骨架安装位置的允许偏差应符合《施工规范》的规定。

开铺前必须按上述要求，对所有在路面中预埋及后安装的钢筋结构进行质量检验，验收合格方可开始铺筑。

4. 钢筋混凝土路面铺筑

路面铺筑前布料。①机械化铺筑必须配备相应的布料设备，施工时注意防止钢筋网被混凝土或机械压垮、压坏，发生变形。摊铺好的拌和物上严禁任何机械碾压。②采用滑模摊铺机施工时，钢筋混凝土路面可采用两次布料，以便在其中摆放间断钢筋网。连续配筋混凝土路面应采用钢筋网预设安装，整体一次布料。③混凝土应卸在料斗或料箱内，再由机械从侧边运送到摊铺位置。钢筋网上的拌和物堆不宜过分集中，应尽快布匀。④坍落度相同时，布料松铺高度宜比机械施工普通混凝土路面大 10mm 左右。

钢筋混凝土路面摊铺作业除应符合前述的有关规定外，还应满足下列要求。①拌和物的坍落度可比相应铺筑方式铺筑普通混凝土路面的规定值大 10～20mm。②振捣棒组横向间距宜比普通混凝土路面适当减小。③滑模摊铺钢筋混凝土路面时，应当增大振捣频率或减速摊铺。④在一块钢筋网连续面板内，应防止摊铺中断，每块板内不应留施工缝，必须摊铺到横缝位置或钢筋网片的端部方可停止；应加强对机械装备的维修保养，将故障率降到最低。⑤摊铺被迫中断时，必须设置横向施工缝，纵向钢筋应保持连续穿过接缝；接缝处应用长度不小于 2m 的纵向钢筋加密 1 倍，横向施工缝与最近横缝的距离不应小于 5m。

设置接缝的钢筋混凝土路面在摊铺面板时，每张钢筋网片边缘 100mm 须作标记，以便准确对位切纵、横缩缝。纵向、横向接缝部位的传力杆、拉杆、钢筋网表面，应涂防锈涂层或包裹防锈塑料套管。

5. 连续配筋混凝土路面的端部锚固结构施工

施工前应按设计图纸对锚固结构位置、尺寸进行测量放样。连续配筋混凝土路面端部锚固装置位置与构造物的相接处形式有矩形地梁、宽翼缘工字钢梁等。

端部锚固结构应按设计尺寸和配筋要求施工，确保锚固效果。①矩形地梁施工应按设计位置和尺寸开挖地槽。岩石路基路段可直接将钢筋锚固在岩基中。地梁钢筋应与路面钢筋相焊接，地梁混凝土采用振捣棒分层振实，并与面板浇筑成整体。地梁与路面混凝土合拢温度宜控制在 20～25℃，或在当地年平均气温时合拢。②宽翼缘工字钢梁施工应按设计枕垫板尺寸在基层上挖槽，安装钢筋骨架，浇筑钢筋混凝土枕垫板。枕垫板表面应预留与工字钢梁的焊接锚固钢筋，并铺设滑动隔离层。安装并焊接宽翼缘工字钢后，再摊铺面板。应确保搁置在枕垫板上的连续配筋混凝土面板端部可自由滑动，面板端部与工字钢槽内连接部位以胀缝填缝料填充。

### 8.8.2　钢纤维混凝土路面铺筑

钢纤维混凝土路面的厚度、平面尺寸和钢纤维掺量应满足设计图纸和设计规范的规定。

钢纤维混凝土路面的布料与摊铺除应满足滑模摊铺普通混凝土路面的规定外，还应满足如下要求。①采用的各种布料机械应保证面板内钢纤维均匀分布，在一块面板内的浇筑和摊铺不得中断。②布料松铺高度应通过试铺确定。拌和物坍落度相同时，由于钢纤维的顶托，布料松铺高度宜比相同施工方式摊铺普通混凝土路面大 10mm 左右。③由于钢纤维的顶托，相同坍落度的钢纤维混凝土振实略容易些，因此钢纤维混凝土拌和物宜使用坍落度较小的拌和物，不得使用"结团"的拌和物。

钢纤维混凝土路面的振捣与整平工艺如下。①采用的振捣机械和振捣方式除应保证钢纤维混凝土密实外，还应保证钢纤维在混凝土中均匀分布；在已振实的钢纤维混凝土面板中，不得出现振捣棒插振后局部无钢纤维的暗空洞、坑穴或沟槽。②从路面运营安全性和可靠性考虑，整平后的面板表面不得裸露上翘的钢纤维，表面下 10～30mm 深度的钢纤维应基本处于平面分布状态。③采用滑模摊铺钢纤维混凝土路面时，振捣棒组的振捣频率不宜低于 10000r/min，振捣棒组底缘应严格控制在面板表面位置，不得插入路面钢纤维混凝土内部，也不得使用人工插捣。

钢纤维混凝土路面施工的特殊工艺如下。①钢纤维混凝土拌和物从出料到运输、铺筑完毕的允许最长时间不宜超过《施工规范》的规定时间；在浇筑和摊铺过程中严禁随意加水，但可喷雾防止表面水分蒸发。②必须使用硬刻槽方式制作宏观抗滑沟槽，不得使用粗麻袋、刷子和扫帚制作微观抗滑构造。③钢纤维混凝土路面的板长宜为 6～10m，最大面板尺寸不宜超过 8m×12m，钢纤维掺量较大时板长可用大值，掺量小时板长取小值，面板长宽比应符合设计要求。④钢纤维路面应先试切缝，当钢纤维不刮坏边缘时，允许开始切缝。

## 8.9　面层接缝、抗滑与养护

### 8.9.1　接缝施工

1. 纵缝施工

当一次铺筑宽度小于路面和硬路肩总宽度时，应设纵向施工缝，位置应避开轮迹，构造可采用平缝加拉杆型。当摊铺的面板厚度≥260mm 时，也可采用插拉杆的企口型纵向施工缝。

当一次铺筑宽度大于 4.5m 时，应采用假缝拉杆型纵缝，即锯切纵向缩缝。纵缝位置应按车道宽度设置，并在摊铺过程中使用专用的装置插入拉杆。

因为整体网片钢筋比拉杆密度大得多，完全可以代替拉杆，所以钢筋混凝土路面的纵缝拉杆可由横向钢筋延伸穿过接缝代替。钢纤维混凝土路面切开的假纵缝可不设拉杆，纵向施工缝应设拉杆。

插入的侧向拉杆应牢固，不得松动、碰撞或拔出。若发现拉杆松脱或漏插，应在横向相邻路面摊铺前钻孔重新植入。植入拉杆前，在钻好的孔中填入锚固剂，然后打入拉杆，保证锚固牢固。

2. 横缝施工

每日摊铺结束或摊铺中断时间超过 30min 时，应设置横向施工缝。其位置宜与胀缝或缩缝重合，确有困难而不能重合时，施工缝应采用设螺纹传力杆的企口缝形式，以保证良好的荷载传递。横向施工缝应与路中心线垂直。横向施工缝在缩缝处采用平缝加传力杆型，在胀缝处其构造与胀缝相同。

### 3. 横向缩缝施工

普通混凝土路面横向缩缝宜等间距布置，不宜采用斜缝。不得不调整板长时，最大板长不宜大于 6.0m，最小板长不宜小于板宽。要尽量保持面板内的低应力水平，保证板厚设计计算时的最不利荷载位置不变化。板长应以 5m 均匀布置为妥，当面板设计厚度受投资限制而明显不足时，可采用 4.5m 的等长缩缝来降低应力水平，增强其抵抗特重、重交通量和超重载破坏能力。

特重和重交通等级公路、收费广场、邻近胀缝或路面自由端的 3 条缩缝应采用假缝加传力杆型。缩缝传力杆的施工方法可采用前置钢筋支架法或传力杆插入装置法。钢筋支架应具有足够的刚度，传力杆应准确定位，摊铺之前应在基层表面放样，并用钢钎锚固，宜使用手持振捣棒振实传力杆高度以下的混凝土，然后机械摊铺。传力杆无防粘涂层一侧应焊接，有涂层一侧应绑扎。采用传力杆插入装置法时，应在路侧缩缝切割位置作标记，保证切缝位于传力杆中部。

### 4. 胀缝设置与施工

普通混凝土路面、钢筋混凝土路面和钢纤维混凝土路面的胀缝间距，视集料的温度膨胀性大小、当地年温差和施工季节综合确定。高温施工，可不设胀缝；常温施工，集料温缩系数和年温差较小时，可不设胀缝；集料温缩系数或年温差较大，路面两端构造物间距≥500m 时，宜设 1 道中间胀缝；低温施工，路面两端构造物间距≥350m 时，宜设 1 道胀缝。

胀缝的膨胀量取决于面板施工当时气温与开放交通后年最高气温的差值，以及面板底部的摩擦约束阻力。热天施工，当时气温与来年最高气温相同，在面板整个使用期间，面板只有收缩，基本无膨胀，因此可以不设胀缝；冬季施工，与来年夏季温差值最大，应加密设置胀缝。

普通混凝土路面的胀缝应设置胀缝补强钢筋支架、胀缝板和传力杆，钢筋混凝土和钢纤维混凝土路面可不设钢筋支架。胀缝宽 20~25mm，使用沥青或塑料薄膜滑动封闭层时，胀缝板及填缝宽度宜加宽到 25~30mm。传力杆一半以上长度的表面应涂防粘涂层，端部应戴活动套帽。胀缝板应与路中心线垂直，与缝壁垂直；缝隙宽度一致；缝中完全不连浆。

胀缝应采用前置钢筋支架法施工，也可预留一块面板，高温时再铺封。前置钢筋支架法施工应预先加工、安装和固定胀缝钢筋支架，并保证钢筋支架和胀缝板准确定位，使机械或人工摊铺时不推移，支架不弯曲，胀缝板不倾斜，要求支架和胀缝板较有力地固定。使用手持振捣棒振实胀缝板两侧的混凝土后摊铺。宜在混凝土未硬化时，剔除胀缝板上部的混凝土，嵌入(20～25)mm×20mm 的木条，整平表面。保持均匀缝宽和边角完好性，填缝前应先剔除木条(施工车辆通行期间可不剔除)。胀缝板应连续贯通整个路面板宽度。

5. 设置精度

拉杆、胀缝板、传力杆及其套帽、滑移端设置精确度应符合《施工规范》的要求。

6. 切缝工艺

混凝土面层、加铺层和搭板的纵向缩缝、横向缩缝均应采用切缝法施工。切缝作业应符合下列规定。

目前水泥路面切缝主要设备有软切缝机、普通切缝机、支架切缝机等，可选择任意一种切缝。切缝方式应由施工期间该地区路面摊铺完毕到切缝时的昼夜温差确定，宜根据《施工规范》选用。对分幅摊铺的路面，应在先摊铺的混凝土板横向缩缝已断开部位作标记，在后摊铺的路面上对齐已断开的横向缩缝，提前软切缝。对于分幅摊铺纵缝有拉杆的水泥路面，为避免后铺路面在硬切缝之前发生断板，应特别注意提前软切缝，以诱导裂缝发展。

纵向缩缝的切缝要求与横向缩缝相同。在高填方(路基高度≥10m)路段、软基路段、填挖方交界路段、搭板部位，在涂沥青的基础上还应切缝并灌缝。

已插入拉杆的假纵缝必须加深切缝，以防止传力杆端部混凝土路面断裂。切缝深度不应小于 1/3～1/4 板厚度，最浅切缝深度不应小于 70mm，纵向缩缝、横向缩缝宜同时切缝。

切缝宽度应控制在 4～6mm。当切缝宽度小于 6mm 时，可二次扩宽填缝槽或直接采用台阶锯片切缝，锯片厚度不宜小于 4mm，切缝时锯片晃动幅度不应大于 2mm。可先用薄锯片锯切到要求深度，再使用 6～8mm 厚锯片或叠合锯片扩宽填缝槽，这有利于将填缝料形状系数控制在 2 左右。接缝断开后适宜的填缝槽宽度为 7～10mm，最宽不宜大于 10mm，填缝槽深度为 25～30mm。这样既保证了接缝不因嵌入较大粒径的坚硬石子而崩边角，又兼顾了填缝材料不会因拉应变过大而过早拉裂，失去密封防水效果。施工中应注意区分切缝、断开缝与填缝槽的宽度与深度。

在变宽度路面上，宜先切缝划分板宽。匝道上的纵缝宜避开轮迹位置，横缝应垂直于每块面板的中心线。变宽度路面缩缝，允许切割成小转角的折线，相邻板的横向缩缝切口必须对齐，允许偏差不得大于 5mm。在弯道加宽段、渐变段、平面交叉口和匝道进出口的横向加宽或变宽路面上，横向缩缝切缝必须互相对齐，若无法对齐，可采用小转角折线缩缝。

7. 灌缝

混凝土板养护期满后，接缝必须及时灌缝。

灌缝技术要求如下。①清缝：应先采用切缝机清除接缝中夹杂的砂石、凝结的泥浆等，再使用不小于 0.5MPa 的压力水和压缩空气，彻底清除接缝中的尘土及其他污染物，确保缝壁内部清洁、干燥。缝壁检验以擦不出灰尘为灌缝标准。②使用常温聚氨酯和硅树脂等填缝料，按规定比例将两组分材料按 1h 灌缝量混拌均匀后使用，填缝料要求随配随用。③使用加热填缝料时，应将填缝料加热至规定温度。加热过程中应将填缝料融化，搅拌均匀，并保温使用。④灌缝的形状系数宜控制在 2 左右，灌缝深度宜为 15～20mm，最浅不得小于 15mm。施工时，先将直径为 9～12mm 多孔泡沫塑料背衬条挤压嵌入缝隙，再进行灌缝。灌缝顶面热天应与板面齐平，冷天应填为凹液面，中心低于板面 1～2mm。填缝必须饱满、均匀、厚度一致并连续贯通，填缝料不得缺失、开裂和渗水。⑤常温施工式填缝料的养护期在低温天气宜为 24h，在高温天气宜为 12h。加热施工式填缝料的养护期在低温天气宜为 2h，在高温天气宜为 6h。在填缝料养护期间应封闭交通。

路面胀缝和桥台隔离缝等，应在填缝前凿去接缝板顶部嵌入的木条，涂黏结剂后灌进适宜的填缝料。当胀缝的宽度不一致或有啃边、掉角等现象时，必须灌缝。

### 8.9.2 抗滑构造施工

1. 抗滑构造技术要求

混凝土面层竣工时，表面抗滑技术要求应符合《施工规范》的规定。构造深度应均匀，不损坏构造边棱，耐磨抗冻，不影响路面的平整度。

2. 抗滑构造施工

摊铺完毕或精整表面后，宜使用钢支架拖挂 1～3 层叠合麻布、帆布或棉布，洒水湿润后做拉毛处理。布片接触路面的长度以 0.7～1.5m 为宜。路面混凝土使用细度模数偏大的粗砂时，拖行长度取小值；使用的砂较细时，拖行长度取大值。人工修整表面宜使用木抹。用钢抹修整过的光面，必须再进行拉毛处理，以恢复细观抗滑构造。

当日施工长度超过 500m 时，抗滑沟槽宜选用拉毛机械施工，没有拉毛机时可采用人工拉槽方式。混凝土表面泌水完毕 20～30min 内应及时进行拉槽。拉槽深度应为 2～4mm，槽宽为 3～5mm，槽间距为 15～25mm。可采用等间距或非等间距抗滑沟槽，若考虑减噪作用，宜采用后者。衔接间距应保持一致。

特重和重交通等级混凝土路面宜采用硬刻槽，使用圆盘式、叶片式抹面机精平后的混凝土路面、钢纤维混凝土路面，必须采用硬刻槽方式制作抗滑沟槽。可采用等间距刻槽，其几何尺寸与前文相同。为降低噪音，宜采用非等间距刻槽，尺寸宜取：槽深 3～5mm，槽宽 3mm，槽间距在 12～24mm 随机调整。硬刻槽机重量宜重不宜轻，一次刻槽最小宽度不应小于 500mm，硬刻槽时不应刻掉边角，亦不得中途抬起或改变方向，并保证刻至面板边缘。抗压强度达到设计强度的 40%后可开始硬刻槽，宜在两周内完成。硬刻槽后应随即冲洗干净，并恢复路面的养护。

纵向沟槽的几何尺寸与横向沟槽大体相同，槽宽为 3mm±0.5mm，槽深为3～6mm。从不影响窄轮胎车辆(如摩托车)的行车安全性和舒适性角度考虑，20mm 等间距纵向沟槽布置应是最佳选择。

对于曲线路段，纵向沟槽、横向沟槽组合是减少高速公路行车事故的有效方法。例如，间距 20mm 的纵向沟槽与间距 75mm 的横向沟槽相组合，既可加强曲线段的行车控制，又可迅速排除路表雨水。

一般路段可采用横向沟槽或纵向沟槽。纵向沟槽的侧向力系数大，安全性高，因此在弯道路段优先使用。

新建路面或旧路面抗滑构造不满足要求时，可采用硬刻槽或喷砂打毛等方法加以恢复。

### 8.9.3　混凝土路面养护

混凝土路面铺筑完成或抗滑构造施工完毕后应立即养护。机械摊铺的混凝土路面及搭板宜采用喷洒养护剂同时保湿覆盖的方式养护。

混凝土路面喷洒养护剂养护时，喷洒应均匀，成膜厚度应足以有效阻止水分挥发，喷洒后的表面不得有颜色差异。喷洒宜在表面混凝土泌水完毕后进行，喷洒高度宜控制在 0.5～1m。使用一级品养护剂时，最小喷洒剂量不得小于0.30kg/m$^2$，合格品的最小喷洒剂量不得小于 0.35kg/m$^2$。不得使用易被雨水冲刷或对混凝土强度、表面耐磨性有影响的养护剂。当喷洒单一品种养护剂达不到90%以上有效保水率要求时，可采用两种养护剂各喷洒一层或喷一层养护剂再覆盖的方法。

覆盖塑料薄膜养护的初始时间，以不压坏细观抗滑构造为准。薄膜厚度(韧度)应合适，宽度应大于覆盖面 600mm。两条薄膜对接时，搭接宽度不应小于400mm，养护期间应始终保持薄膜完整盖满。

覆盖养护的要求如下。①覆盖养护必须盖满表面，不得缺失，宜使用保湿膜、土工毡、土工布、麻袋、草袋、草帘等覆盖物。覆盖后应及时洒水，保持混凝土表面始终处于潮湿状态，并由此确定每日洒水遍数。②昼夜温差>10℃或日平均温度≤5℃地区施工混凝土路面，应采取保温保湿养护措施。一般可使用草帘、棉垫、泡沫塑料垫等作为保温养护材料。养护时先在混凝土路面表面洒水保湿，再覆盖保温材料。

养护时间应根据混凝土抗弯拉强度增长情况而定，至少养护至设计抗弯拉强度的80%，应特别注重前7d的保湿(温)养护。一般养护天数宜为14~21d，高温天气不宜少于14d，低温天气不宜少于21d。粉煤灰水泥混凝土路面只有长期保持湿度，才能获得较高的后期抗弯拉强度，因此应加强养护，养护时间不宜少于28d，低温天气应适当延长。

混凝土板养护初期，严禁人、畜踩踏和车辆通行，在达到设计强度40%后，行人方可通行。平交道口路面养护期间，应搭建临时便桥。面板强度达到设计强度后，方可开放交通。

# 8.10　特殊气候条件下的施工

### 1. 一般规定

混凝土路面铺筑期间，应有专人收集月、旬、日天气预报资料。遇影响混凝土路面施工质量的天气时，应暂停施工或采取必要的防范措施，制订特殊气候的施工方案。

混凝土路面施工如遇下述恶劣天气条件之一，必须停工。①现场降雨：停工是为了防止刚铺筑的混凝土表面水泥浆被冲刷、垮边，影响路面平整度。②刮风天：风力大于6级、风速在10.8m/s以上的强风天气。③高温季节：现场气温高于40℃或拌和物摊铺温度高于35℃。④低温季节：摊铺现场连续5昼夜平均气温低于5℃，夜间最低气温低于-3℃。水泥路面不允许负温施工。

### 2. 雨天施工

#### 1) 雨天施工的防雨准备

地势低洼的搅拌场、水泥仓、备件库及砂石料堆场，应按汇水面积修建排水沟或预备抽排水设施。搅拌楼的水泥、粉煤灰罐仓顶部通气口、料斗和不得遇水部位应有防潮、防水覆盖措施，砂石料堆应进行防雨覆盖。

雨天施工时，在新铺路面上，应备足防雨篷、帆布和塑料布或薄膜，以便突发雷阵雨时遮盖刚铺筑的路面。运输车辆应加盖防雨篷布。

防雨篷支架宜采用可推行的焊接钢结构，并具有人工饰面拉槽的足够高度，防止冲刷掉路面水泥浆，导致平整度、耐磨性能等损失和滑模摊铺无模板支撑的路面低侧边缘被冲垮破坏。实践证明，这种防雨篷可抵抗较强的风雨，便于路面后续施工工艺操作。

2) 路面摊铺过程中的防雨水冲刷措施

摊铺过程中遭遇阵雨时，应立即停止铺筑混凝土路面，并紧急使用防雨篷、塑料布或塑料薄膜等覆盖尚未硬化的混凝土路面，以免遭雨水冲刷。

被阵雨轻微冲刷过的路面，视平整度和抗滑构造破损情况，采用硬刻槽或先磨平再刻槽的方式处理。对暴雨冲刷后路面平整度严重劣化或损坏的部位，应尽早铲除重铺。

降雨后、开工前，应及时排除车辆内、搅拌场及砂石料堆场内的积水或淤泥。运输便道应排除积水，并进行必要的修整。摊铺前应扫除基层上的积水。

3. 风天施工

风天应采用风速计在现场定量测风速或观测自然现象，确定风级，并按《施工规范》的规定采取防止塑性收缩开裂的措施。

4. 高温季节施工

1) 施工现场要求

施工现场的气温高于 30℃，拌和物摊铺温度在 30～35℃，空气相对湿度<80%时，混凝土路面施工应按高温季节的规定进行。高温施工的关键一是控制拌和物的工作性能以便能够顺利摊铺；二是保持混凝土拌和物摊铺温度不超过 35℃，防止面板温差开裂；三是加强洒水和覆盖养护，防止因高温施工蒸发率很大而塑性收缩开裂及干缩开裂。

2) 高温天气铺筑混凝土路面现场措施

当现场气温≥30℃时，应避开中午高温时段施工，可选择早晨、傍晚或夜间施工，夜间施工应有良好的操作照明，并确保施工安全。

拌和物降温保塑措施如下。①砂石料堆应设遮阳篷。②抽用地下冷水或采用冰屑水拌和。③拌和物中宜加最大允许掺量的粉煤灰，但不宜掺硅灰。拌和物中应掺足够剂量的缓凝剂、高温缓凝剂、保塑剂或缓凝(高效)减水剂等。原材料的降温作用可以通过混凝土配合比的热工计算得出。

自卸车上的混凝土拌和物应遮盖篷布。

加强施工各环节的衔接，尽量缩短搅拌、运输、摊铺、饰面等工艺环节耗费的时间。

在每日气温最高和日照最强烈时，可使用防雨篷作防晒庇荫篷。

高温天气施工时，混凝土拌和物的出料温度不宜超过 35℃，并应随时监测气温及水泥、拌和水、拌和物、路面混凝土的温度，必要时应加测混凝土水化热。

在覆盖保湿养护时，应加强洒水，使路面能保持足够的湿度，避免水泥路面表面发白。

切缝时间应视混凝土强度的增长情况而定，宜比常温施工时适当提早，以防止断板。在夜间降温幅度较大或降雨时，应提早切缝。

从降低水泥的水化热的角度考虑，高温季节不应使用 R 型水泥。

3) 高温水泥的施工措施

水泥出厂温度应严格控制在 80℃ 以内。

搅拌时采用骨料吸热法，干拌时间不少于 30s。

5. 低温季节施工

当摊铺现场连续 5 昼夜平均气温在 5~15℃，夜间最低气温在 -3~5℃ 时，混凝土路面施工措施如下。

应优选拌和物早强剂、促凝剂品种与掺量。

应选用水化总热量大的 R 型水泥或单位水泥用量较多的 32.5 级水泥。此外，低温季节施工时不宜掺粉煤灰。

搅拌机出料温度不得低于 10℃，摊铺混凝土温度不得低于 5℃。养护期间，应始终保持混凝土板最低温度不低于 5℃。否则，应采用热水或加热砂石料拌和混凝土，热水温度不得高于 80℃，砂石料温度不宜高于 50℃。

应加强保温保湿覆盖养护，可先用塑料薄膜保湿隔离覆盖或喷洒养护剂，再用草帘、泡沫塑料垫等保温覆盖初凝后的混凝土路面。

应随时检测气温及水泥、拌和水、拌和物、路面混凝土的温度，每工班至少测定 3 次。

混凝土路面抗弯拉强度未达到 1.0MPa 或抗压强度未达到 5.0MPa 时，应严防路面受冻。

低温天气施工时，路面保温保湿覆盖养护天数不得少于 28d。

# 8.11　施工质量检查与验收

1. 一般规定

施工质量的控制、管理与检查应贯穿整个施工过程，应对每个施工环节严格控制把关，对出现的问题立即进行纠正或停工整顿，确保工程质量，为施工质量验收与评定打好坚实的基础。

施工过程中的质量管理要求如下。

(1) 水泥混凝土路面施工应建立健全质量检测、管理和保证体系，应按施工进度做好质检仪器和人员数量的动态计划。施工中应按计划落实质检仪器和人员，对施工各阶段的各项质量指标应做到及时检查、控制和评定，以达到规定的质量标准，确保施工质量。

(2) 施工全过程的质量动态检测、控制和管理内容，应包括施工准备、铺筑试验路段和施工过程中各项技术指标的检验，以及出现的施工技术问题报告、论证和解决等。

2. 铺筑试验路段

混凝土路面在正式摊铺前，应在主线外铺筑试验路段，试验路段长度不应短于 200m。必须在主线上试摊铺时，应做好及时铲除不合格路面的准备。试验路段的厚度、摊铺宽度、接缝设置、钢筋设置等均应与实际工程相同，以检验原材料和混凝土配合比，并依据新情况调整摊铺机上的工作参数。

铺筑试验路段应达到如下目的。

(1) 检验搅拌楼性能，确定合理搅拌工艺，检验适宜摊铺的搅拌楼拌和参数，如上料速度、拌和容量、搅拌均匀所需时间、新拌混凝土坍落度、振动黏度系数、含气量、泌水性和生产可使用的混凝土配合比等。

(2) 检验主要机械的性能和生产能力，检验辅助施工机械组配的合理性，检验路面摊铺工艺和质量，以确定基准线设置方式、摊铺机械(具)的适宜工作参数、施工工艺流程。

(3) 使工程技术人员熟悉并掌握各自的操作要领。

(4) 按施工工艺要求检验施工组织形式和人员编制。

(5) 建立混凝土原材料、拌和物、路面铺筑全套技术性能检验手段，熟悉检验方法。

(6) 检验通讯联络和生产调度指挥系统。

试铺时，施工人员应认真做好纪录，监理工程师或质监部门应监督检查试验路段的施工质量，及时与施工单位商定并解决问题。试验路段铺筑后，施工单位应提出试验路段总结报告，上报监理和业主批复，取得正式开工认可。

3. 施工质量管理与检查

路面铺筑必须得到正式开工令后方可开工。

施工单位应随时对施工质量进行自检。监理应按施工单位自检频率的 1/3 进行抽检或旁站，监理和质检部门应对施工单位的检验结果进行检查认定。施工、监理、监督人员发现异常情况，应加大检验频率，找出原因，及时处理。应利用计算机对高速公路实行动态质量管理。混凝土路面的检验项目、方法及频率根据《施工规范》的要求确定。

混凝土路面的平整度、抗弯拉强度和板厚三大关键质量指标的自检应符合下列规定。

(1) 用长度为 3m 的直尺检测平整度，作为施工过程中质量控制检测项目；用平整度仪检测动态平整度，作为交工验收时工程质量的评定依据。在施工养护期间，为防止压坏路面，平整度检测车不能上路检测。

(2) 应从搅拌楼生产的拌和物中随机取样，并按标准方法检测混凝土路面抗弯拉强度。抗弯拉强度应采用三参数评价：平均抗弯拉强度合格值、最小值和统计变异系数。检测小梁抗弯拉强度后的断块宜检测抗压强度，作为混凝土强度等级的参考。检测抗弯拉强度时，应使用标准振动台进行试件振捣成型，不得使用振捣棒或自制振动板；试件应采用 150mm×150mm×550mm 的标准尺寸；养护方式为标准养护。

(3) 应在面层摊铺前通过基准线严格控制板厚。摊铺后板厚可在侧面用尺测量，行车道横坡低侧面板钻芯厚度和面板平均厚度两项指标均应满足允许偏差(不小于 10mm)。这两项指标中有一项不合格或两项都不合格，即要求返工。按水泥混凝土路面可靠度设计理论，应严格控制板厚的变异系数，将板厚变异系数控制在允许偏差范围内。

在混凝土路面铺筑过程中，路面各技术指标的质量检验评定标准应符合《施工规范》的规定。

施工单位的质检结果应按《施工规范》的规定，以 1km 为单位进行整理。对于滑模机械铺筑混凝土路面的关键工序，应拍摄照片或录像，作为现场记录保存。

4. 交工质量检查验收

混凝土路面完工后，施工单位应提交全线检测结果、施工总结报告及全部原始记录等齐全资料，申请交工验收。

质量问题的处理如下。

(1) 路面混凝土抗弯拉强度应采用小梁标准试件抗弯拉强度和路面钻芯取样圆柱体劈裂强度折算的抗弯拉强度综合评定。

(2) 平整度不合格的部位应进行处理，并硬刻槽恢复抗滑构造。

(3) 板厚不足时，应判明区段，返工重铺。

5. 工程施工总结

施工单位应根据国家竣工文件编制规定，提出施工总结报告、质量测试报告或采用新材料新技术研究报告，连同竣工图表，形成完整的施工资料档案。

施工总结报告应包括工程概况、设计图纸及变更、基层、原材料、施工组织、机械及人员配备、施工工艺、施工进度、工程质量评价、工程预决算等。

质量测试报告应包括施工组织设计、质量保证体系、试验段铺筑报告、施工质量达到或超过现行规范规定情况、原材料和混凝土检测结果、施工中路面质量自检结果、交工复测结果、工程质量评价、原始记录相册和录像资料等。

首次采用滑模施工或首次铺筑钢筋混凝土路面、钢纤维混凝土路面等路面结构时，应同时提交试验总结报告。

# 8.12　安全生产及施工环境保护

## 1. 一般规定

根据机械化施工特点，做好安全生产工作。施工前，施工单位应对员工进行安全生产教育，树立安全第一的思想，落实安全生产责任制度。

路面施工期间应加强施工环保的教育，增强环保意识，并加强施工场地环境卫生管理、监督和检查。

## 2. 安全生产

施工过程中，应制订搅拌楼、发电(机)站、运输车、滑模摊铺机等大型机械设备及其辅助机械(具)的安全操作规程，并在施工中严格执行。

清理搅拌楼的拌和锅内黏附的混凝土时，若具备电视监控，必须打开电视监控系统，关闭主电机电源，并在主开关上挂警示红牌。若无电视监控，必须有两人以上在场方可进行工作，一人清理，一人值守操作台。

料车上料时，在铲斗及拉铲活动范围内，人员不得逗留或通过。

运输车辆应鸣笛倒退，并有专人指挥和查看车后情况。

施工中，严禁非操作人员登上布料机、滑模摊铺机、拉毛养护机等机械设备。

夜间施工时，布料机、摊铺机、拉毛养护机上均应有照明设备和明显的示警标志。

施工中，严禁机械设备机手擅离操作台，严禁用手或工具触碰运转中的机件。

施工现场必须做好交通安全工作。交通繁忙的路口应设立标志，并有专人指挥。夜间施工时，路口及基准线桩附近应设置警示灯或反光标志，专人管理灯光照明。

摊铺机械停放在通车道路上，周围必须设置明显的安全标志，正对行车方向应提前 200m 引导车辆转向，夜间应以红灯示警。

施工机电设备应有专人负责保养、维修和看管，施工现场的电机、电线、电缆应尽量放置在无车辆、人、畜通行处，确保用电安全。

使用有毒、易燃的材料时，现场操作人员必须按规定佩戴防护用具。

在所有施工机械、电力、燃料、动力等的操作部位，严禁吸烟，禁止使用明火。摊铺机、搅拌楼、储油站、发电站、配电站等重要施工设备或场所应配备消防设施，确保防火安全。

停工期间必须设专人值班保卫，严防原材料、机械、机具及零件等失窃。

3. 施工环境保护

搅拌场、生活区、路面施工段应经常清理环境卫生，排除积水，并及时整治运输道路和停车场地，做到文明施工。

污染物处理排放应符合下列规定。

(1) 搅拌楼、运输车辆和摊铺机的清洗污水不得随处排放；每台搅拌楼宜设置处理污水的沉淀池或净化设备，车辆应在有污水沉淀或净化设备的场地进行清洗。

(2) 废弃的水泥混凝土、基层残渣和所有机械设备的残渣、油污等废弃物，应分类集中堆放或掩埋。

搅拌场原材料和施工现场临时堆放的材料均应分类、有序堆放。施工现场的钢筋、工具、机械设备等应摆放整齐。

# 参 考 文 献

[1] 王晓翠, 吴凯, 徐玲琳. 纤维混凝土研究进展[J]. 居业, 2012(4): 71-74.

[2] 李丽华, 文贝, 裴尧尧, 等. 建筑垃圾加筋土性能研究[J]. 武汉大学学报(工学版), 2020, 53(11): 971-979.

[3] 朱志远, 岑国平, 王志远. 合成纤维混凝土性能试验研究综述[J]. 路基工程, 2010(5): 30-32.

[4] 陈国彦. 纤维混凝土应用研究[J]. 交通标准化, 2011(13): 160-162.

[5] SAFDAR R S, ALI Q L. Effect of carbon fiber on mechanical properties of reactive powder concrete exposed to elevated temperatures[J]. Journal of Building Engineering, 2021, 42: 102503.

[6] 王玲玲, 陈彦文, 潘文浩, 等. 聚丙烯纤维砂浆抗裂性能研究[J]. 混凝土, 2011(12): 113-115.

[7] 石玉山. 复合矿物掺合料的桥梁高性能混凝土材料组成和性能研究[D]. 西安: 长安大学, 2015.

[8] LI B, CHI Y, XU L H, et al. Experimental investigation on the flexural behavior of steel-polypropylene hybrid fiber reinforced concrete[J]. Construction and Building Materials, 2018, 191: 80-94.

[9] 关国英, 赵文杰. 纤维增强水泥基复合材料的研究进展[J]. 硅酸盐通报, 2017, 36(10): 3342-3346, 3360.

[10] 葛宇川, 刘数华. 碳纤维导电混凝土特性研究进展[J]. 硅酸盐通报, 2019, 38(8): 2442-2447, 2463.

[11] 孙玉军, 吴本清, 李俊飞. 浅谈碳纤维混凝土的基本特性及研究进展[J]. 安徽建筑, 2014, 21(6): 161-187.

[12] 杨健辉, 刘梦, 蔺新艳, 等. 不同种类轻骨料混凝土的耐久性能比较[J]. 工业建筑, 2020, 50(2): 113-118, 149.

[13] AGHDASI P, OSTERTAG C P. Green ultra-high performance fiber-reinforced concrete (G-UHP-FRC)[J]. Construction and Building Materials, 2018, 190: 246-254.

[14] MOHAMMED T J, BAKAR B H A, BUNNORI N M. Effects of thickness of ultra high-performance fiber concrete wrapping on the torsional strength of reinforced concrete beam[J]. Applied Mechanics and Materials, 2015, 802: 161-165.

[15] 张守元, 王玉江. 聚丙烯纤维对混凝土性能影响的实验研究[J]. 洛阳理工学院学报(自然科学版), 2013, 23(1): 1-3.

[16] 郭志超, 田焜, 李儒光. 聚丙烯纤维在混凝土中的应用研究[J]. 建材世界, 2016, 37(6): 10-13.

[17] 杨宇林. 纤维混凝土复合材料耐久性能研究综述[J]. 混凝土, 2012(2): 78-80, 85.

[18] ISLAM S M, AHMED S J U. Influence of jute fiber on concrete properties[J]. Construction and Building Materials, 2018, 189: 768-776.

[19] LI J J, NIU J G, CHAO J W, et al. Investigation on mechanical properties and microstructure of high performance polypropylene fiber reinforced lightweight aggregate concrete[J]. Construction and Building Materials, 2016, 118: 27-35.

[20] WANG Y J, ZHENG T D, ZHENG X F, et al. Thermo-mechanical and moisture absorption properties of fly ash-based lightweight geopolymer concrete reinforced by polypropylene fibers[J]. Construction and Building Materials, 2020, 251: 118960.

[21] 潘庆祥, 蔡陈之. 钢纤维混凝土综述[J]. 科技资讯, 2010(12): 96.

[22] 满晨. 纤维增强混凝土的性能及其应用[J]. 工程技术研究, 2019, 4(17): 108-109.

[23] 李方敏. 玻璃纤维混凝土在工程中的应用[J]. 武汉大学学报(工学版), 2007, 40(S1): 504-506.

[24] RANGELOV M, NASSIRI S, HASELBACH L, et al. Using carbon fiber composites for reinforcing pervious concrete[J]. Construction and Building Materials, 2016, 126: 875-885.

[25] 梁东升. 水镁石纤维道路水泥混凝土工程配合比研究[D]. 西安: 长安大学, 2009.

[26] 关博文, 刘开平, 陈拴发, 等. 水镁石纤维水泥混凝土工作性研究[J]. 广西大学学报(自然科学版), 2011, 36(4): 689-693.

[27] 葛希. 辽宁凤城水镁石的矿物学特征研究[D]. 北京: 中国地质大学, 2019.

[28] 廖立兵. 矿物材料的定义与分类[J]. 硅酸盐通报, 2010, 29(5): 1067-1071.

[29] 王亚杰, 仲剑初, 王洪志. 油酸二乙醇酰胺硼酸酯湿法改性水镁石阻燃剂的研究[J]. 硅酸盐通报, 2013, 32(8): 1606-1613.

[30] 张翼, 朱瀛波. 水镁石纤维对模型石膏性能影响的研究[J]. 中国非金属矿工业导刊, 2012(5): 41-42, 45.

[31] 吕文江, 袁卓亚, 刘开平, 等. 水镁石纤维混凝土在高速公路隧道路面中的应用试验研究[J]. 公路, 2012, 57(12): 179-182.

[32] 陈玉宏, 马乙一, 霍斌, 等. 水镁石纤维对再生基层材料路用性能的影响[J]. 公路, 2020, 65(3): 53-59.

[33] 张晓旭, 仇玉良, 刘开平, 等. 化学激发煤矸石对水镁石纤维水泥砂浆性能影响的研究[J]. 混凝土, 2010(11): 119-121.

[34] ZHANG J, YAN J, SHENG J W. Dry grinding effect on pyrophyllite-quartz natural mixture and its influence on the structural alternation of pyrophyllite [J]. Micron, 2015, 71: 1-6.

[35] 祝叶, 夏新兴. 纤维状非金属矿物在造纸工业的应用[J]. 中国非金属矿工业导刊, 2010(4): 5-7.

[36] 曹晓瑶, 杨琳. 论非木材纤维资源原料的造纸行业应用[J]. 广东化工, 2021, 48(2): 272-273, 275.

[37] 关博文, 刘开平, 陈拴发, 等. 水镁石纤维路面混凝土路用性能[J]. 长安大学学报(自然科学版), 2012, 32(1): 26-30.

[38] 赵崇阳. 水镁石纤维增强水泥混凝土应用研究[D]. 西安: 长安大学, 2005.

[39] 黄志义, 吴珂. 长大隧道沥青混凝土路面的防火安全性能[J]. 浙江大学学报, 2007, 41(8): 1427-1428.

[40] 马磊霞. 水镁石纤维增强加气混凝土工艺研究[D]. 西安: 长安大学, 2007.

[41] 张艳. 水泥基复合材料增韧用水镁石纤维性能研究[D]. 西安: 长安大学, 2010.

[42] IQBAL S, ALI A, HOLSCHEMACHER K, et al. Mechanical properties of steel fiber reinforced high strength lightweight self-compacting concrete (SHLSCC)[J]. Construction and Building Materials, 2015, 98: 325-333.

[43] 徐力, 余飞, 朱祥, 等. 纤维在水泥混凝土中的应用[J]. 粉煤灰, 2013, 25(6): 40-43.

[44] YAN Y H, LIANG H J, LU Y Y, et al. Behaviour of concrete-filled steel-tube columns strengthened with high-strength CFRP textile grid-reinforced high-ductility engineered cementitious composites[J]. Construction and Building Materials, 2021, 169: 121283.

[45] 于蕾, 刘兆磊. 公路特种混凝土材料[M]. 北京: 人民交通出版社, 2020.

[46] 梁宁慧, 刘新荣, 孙霁. 多尺度聚丙烯纤维混凝土抗裂性能的试验研究[J]. 煤炭学报, 2012, 37(8): 1304-1309.

[47] 李捷斌, 王飞龙. 合成纤维对超高韧水泥基复合材料力学性能的影响[J]. 合成纤维, 2019, 48(7): 40-42, 55.

[48] 彭开均. 纤维混凝土应用研究现状初探[J]. 科技创新与应用, 2013(21): 179.

[49] 乔艳静, 阳知乾, 刘建忠, 等. 高性能芳纶纤维在水泥基复合材料中的应用[J]. 混凝土, 2015(1): 94-97.

[50] 包建强, 邢永明, 刘霖, 等. 风积砂聚丙烯纤维混凝土复合材料的基本力学性能[J]. 混凝土, 2016(12): 146-150.

[51] ALTOUBAT S, KARZAD A S, MAALEJ M, et al. Experimental study of the steel/CFRP interaction in shear-strengthened RC beams incorporating macro-synthetic fibers[J]. Structures, 2020, 25: 88-98.

[52] JULIA B, ŁUKASZ D, PAWEŁ W. Flexural tensile strength of concrete with synthetic fibers[J]. Materials, 2021, 14(16): 4428.

[53] 亓松彬. 耐碱玻璃纤维在水泥混凝土砂浆中的应用研究[J]. 混凝土世界, 2016(10): 80-85.

[54] 董发勤. 应用矿物学[M]. 北京: 高等教育出版社, 2015.

[55] 连宇, 王军, 连华. 聚丙烯纤维混凝土在水利水电工程中的应用[J]. 水利科技与经济, 2010, 16(4): 476-477.

[56] 刘波, 张绪涛, 尹瑞杰, 等. 聚丙烯纤维混凝土研究综述[J]. 四川水泥, 2021(1): 5-6.

[57] 王琴, 王健, 刘伯伟, 等. 多壁碳纳米管水泥基复合材料的压敏性能研究[J]. 硅酸盐通报, 2016, 35(9): 2733-2740.

[58] 关博文, 刘开平, 陈栓发. 水镁石纤维道路混凝土工程应用对比分析[J]. 公路, 2010, 55(3): 168-173.

[59] 张广泰, 孙树民, 韩霞. 智能材料在土木工程结构振动控制中的应用[J]. 新疆大学学报(自然科学版), 2009, 26(4): 494-497.

[60] YOO D Y, YOU I, ZI G, et al. Effects of carbon nanomaterial type and amount on self-sensing capacity of cement paste[J]. Measurement, 2019, 134: 750-761.

[61] 俞昊天, 卜祥斌, 张攀. 混凝土用碳纤维增强复合材料的性能研究[J]. 塑料科技, 2021, 49(7): 17-20.

[62] 张凡, 吴翠娥, 宋明星, 等. 玻璃纤维的碱腐蚀及其对混凝土结构安全性影响的研究[J]. 江西建材, 2015(12): 235-242.

[63] EWA R, ROSSELLA A, GIULIO M. Thermal stability and flame retardance of EVA containing DNA-modified clays[J]. Thermochimica Acta, 2019, 686: 178546.

[64] 孙志华, 刘开平. 水镁石纤维的分散及在混凝土中的应用[J]. 混凝土与水泥制品, 2010(2): 50-52.

[65] 刘逸, 马勇. 聚丙烯纤维混凝土的性能与应用趋势[J]. 广东建材, 2016, 32(3): 4-6.

[66] 郑炜, 莫春花, 陈礼华. 浅谈聚丙烯改性纤维在混凝土中分散性实验方法[J]. 福建建材, 2012(12): 21-22.

[67] MWEBER. Mineral flame retardants overview and future trends[J]. Industrial Minerals, 2000(2): 19-28.

[68] 张艳, 刘开平, 关博文, 等. 水镁石短纤维对水泥基复合材料强度影响的研究[J]. 应用化工, 2009, 38(9): 1267-1269.

[69] 刘淑鹏, 袁继祖, 唐靖炎, 等. 水镁石纤维的研究进展与应用前景[J]. 矿业快报, 2007(4): 14-17.

[70] 姜雅峰. 水镁石纤维在路面混凝土中的分散性研究[D]. 西安: 长安大学, 2009.

[71] 刘开平, 赵崇阳, 杨学贵, 等. 减水剂对水镁石纤维的松解作用研究[J]. 矿业研究与开发, 2005, 25(5): 46-49.

[72] 李连生, 刘开平. 天然水镁石纤维的化学松解技术[J]. 地球科学与环境学报, 2007, 29(1): 47-49.

[73] 扈士凯, 李应权, 徐洛屹, 等. 国外泡沫混凝土工程应用进展[J]. 混凝土世界, 2010(4): 48-50.

[74] 余萍. 水镁石纳米纤维的分散及其在复合材料中的应用研究[D]. 哈尔滨: 哈尔滨工业大学, 2013.

[75] 唐靖炎, 张明, 刘淑. 纤维水镁石的松解技术研究[J]. 非金属矿, 2008(2): 3-5.

[76] 吴春来, 彭传云, 张少文, 等. 疏水性微纳米水镁石材料的制备与性能[J]. 塑料, 2020, 49(5): 34-37, 41.

[77] 朱领地. 表面活性剂[M]. 6 版. 北京: 化学工业出版社, 2016.

[78] 翟俊, 黄春晖, 张琴, 等. 水镁石制取高活性氧化镁的探究[J]. 盐业与化工, 201544(9): 18-22.

[79] 严丽君. 水镁石增强混凝土界面行为研究[D]. 西安: 长安大学, 2005.

[80] 贾德昌. 无机聚合物及其复合材料[M]. 哈尔滨: 哈尔滨工业大学出版社, 2020.

[81] 杨学贵. 水镁石纤维混凝土的疲劳性能试验研究[D]. 西安: 长安大学, 2005.

[82] 周煜伟. 水镁石纤维抗裂水泥砂浆研究[D]. 西安: 长安大学, 2007.

[83] 傅智. 水泥混凝土路面施工技术[M]. 上海: 同济大学出版社, 2004.

[84] 傅智, 金志强. 水泥混凝土路面施工与养护技术[M]. 北京: 人民交通出版社, 2004.

[85] 傅智, 李红. 公路混凝土路面施工技术规范实施与应用指南[M]. 北京: 人民交通出版社, 2003.

[86] 申爱琴. 水泥与水泥混凝土[M]. 2 版. 北京: 人民交通出版社, 2019.

[87] 袁捷. 道路建筑材料[M]. 2 版. 成都: 西南交通大学出版社, 2018.

[88] 王海军. 建筑材料[M]. 2 版. 北京: 高等教育出版社, 2021.

[89] 高培伟, 杨传喜, 林晖. 国外水泥混凝土路面建设对我国道路水泥发展的启迪[J]. 水泥工程, 2008(1): 74-77.

[90] 李黎, 曹明莉, 冯嘉琪. 纤维增强水泥基复合材料的纤维混杂效应研究进展[J]. 应用基础与工程科学学报, 2018, 26(4): 843-853.

[91] 焦红娟, 史小兴, 刘丽君. 粗合成纤维混凝土的性能及应用[J]. 混凝土与水泥制品, 2010(1): 46-49.

[92] XIONG R, FANG J H, XU A H, et al. Laboratory investigation on the brucite fiber reinforced asphalt binder and asphalt concrete[J]. Construction and Building Materials, 2015, 83: 44-52.

[93] KHALID F S, IRWAN J M, IBRAHIM M H W, et al. Performance of plastic wastes in fiber-reinforced concrete beams[J]. Construction and Building Materials, 2018, 183: 451-464.

[94] ARISTO C A, TAKASHI T, GYEONGO K, et al. Particle-size effect of basic oxygen furnace steel slag in stabilization of dredged marine clay[J]. Soils and Foundations, 2019, 59(5): 1385-1398.

[95] 刘东奇, 宾剑雄, 王荣, 等. TiO$_2$/水镁石复合纤维的光催化性能[J]. 稀有金属材料与工程, 2015, 44(S1): 654-656.

[96] 关博文, 刘开平, 赵秀峰, 等. 水镁石纤维及其复合材料研究[J]. 矿业快报, 2008, 470(6): 33-36.

[97] MARKOS T B, MICHAEL E K, TAMENE A D, et al. Mechanical behavior of cement composites reinforced by aligned Enset fibers[J]. Construction and Building Materials, 2021, 304: 124607.

[98] LI X P, ZHOU X Y, TIAN Y, et al. A modified cyclic constitutive model for engineered cementitious composites[J]. Engineering Structures, 2019, 179: 398-411.

[99] KANG S B, TAN K H, ZHOU X H, et al. Experimental investigation on shear strength of engineered cementitious composites[J]. Engineering Structures, 2017, 143: 141-151.

[100] 刘开平, 关博文, 张晓旭, 等. 水镁石纤维增强道路混凝土研究[J]. 筑路机械与施工机械化, 2008, 25(增 2): 56-60.

[101] 李锋. 水镁石纤维混凝土的耐久性研究[D]. 西安: 长安大学, 2012.

[102] 李红, 傅智. 水泥混凝土路面原材料的技术要求[J]. 公路, 2003, 48 (7): 25-30.

[103] 赵丽萍, 何文敏. 土木工程材料[M]. 3 版. 北京: 人民交通出版社, 2020.

[104] 赵卓, 李整建, 申磊, 等. 混凝土原材料及力学性能与氯离子扩散系数间的相关性试验研究[J]. 混凝土, 2013(8): 72-75, 82.

[105] 交通部公路科学研究院.《公路水泥混凝土路面施工技术规范》实施手册[M]. 北京: 人民交通出版社, 2007.

[106] YANG Y Y, DENG Y, LI X K. Uniaxial compression mechanical properties and fracture characteristics of brucite fiber reinforced cement-based composites[J]. Composite Structures, 2019, 212: 148-158.

[107] KVERMA A, YADAV S K. Experimental study on mechanical properties of fiber reinforced lightweight aggregate concrete[J]. Journal of Progress in Civil Engineering, 2021, 3(7): 888-900.

[108] RAJAK M A A, MAJID Z A, ISMAIL M. Morphological characteristics of hardened cement pastes incorporating nano-palm oil fuel ash[J]. Procedia Manufacturing, 2015, 2: 512-518.

[109] 郭永军. 粗集料对水泥混凝土路面使用性能的影响[J]. 黑龙江交通科技, 2012, 35(6): 16.

[110] 叶丹燕, 王浩, 王帅, 等. 粗集料形状对纤维混凝土力学性能影响的数值模拟[J]. 混凝土, 2015(12): 97-101.

[111] 日本道路协会. 水泥混凝土路面设计施工纲要[M].杨春华, 译. 北京: 中国建筑工业出版社, 1983.

[112] 李永志. 高速公路混凝土路面配合比设计分析[J]. 建设科技, 2017(16): 112-113.

[113] 冷发光, 张仁瑜. 混凝土标准规范及工程应用[M]. 北京: 中国建材工业出版社, 2005.

[114] 陈宝春, 韦建刚, 苏家战, 等. 超高性能混凝土应用进展[J]. 建筑科学与工程学报, 2019, 36(2): 10-20.

[115] 中交公路规划设计院有限公司. 公路水泥混凝土路面设计规范: JTG D40—2011[S]. 北京: 人民交通出版社, 2011.

[116] 交通部水泥混凝土路面推广组. 水泥混凝土路面研究[M]. 北京: 人民交通出版社, 1995.

[117] 何廷树, 李朋, 徐一伦, 等. 微量无机盐与不同高效减水剂复合使用对混凝土性能的影响[J]. 硅酸盐通报, 2016, 35(3): 753-757.

[118] 傅沛兴. 论混凝土配合比的合理设计方法[J]. 建筑技术, 2008, 39(1): 54.

[119] 马涛, 黄晓明. 路基路面工程[M]. 6 版. 北京: 人民交通出版社, 2019.

[120] 姚祖康. 水泥混凝土路面设计[M]. 合肥: 安徽科学技术出版社, 1999.

[121] 傅智, 李红. 《公路水泥混凝土路面施工技术规范》问答[M]. 北京: 人民交通出版社, 2007.

[122] 傅智. 水泥混凝土路面滑模施工技术[M]. 北京: 人民交通出版社, 2000.

[123] AATTACHE A, SOLTANI R, MAHI A. Investigations for properties improvement of recycled PE polymer particles-reinforced mortars for repair practice[J]. Construction and Building Materials, 2017, 146: 603-614.

[124] 熊锐, 关博文, 盛燕萍. 硫酸盐–干湿循环侵蚀环境下水镁石纤维沥青混合料抗疲劳性能[J]. 武汉理工大学学报, 2014, 36(10): 45-51.

[125] 赵秀峰, 刘开平. 水镁石纤维混凝土的低温性能研究[J]. 混凝土与水泥制品, 2007(4): 45-48.

[126] 秦雅静, 朱德山. 我国水镁石矿资源利用现状及展望[J]. 中国非金属矿工业导刊, 2014(6): 1-3.

[127] 陈玉宏, 邓陈记, 孙平, 等. 水镁石纤维水泥稳定再生粗集料在合安高速中的应用研究[J]. 公路, 2020, 65(8): 47-52.

[128] 潘兆橹, 万朴. 应用矿物学[M]. 武汉: 武汉工业大学出版社, 1993.

[129] 赵毅, 田于锋, 郝增恒, 等. 隧道沥青路面阻燃抑烟技术及机理研究进展[J]. 应用化工, 2021, 50(5): 1430-1438.

[130] 王旭昊, 刘泽鑫, 李虎成, 等. 预制式水泥混凝土路面研究现状及发展趋势[J]. 科学技术与工程, 2021, 21(9): 3457-3467.

[131] 刘开平, 王尉和, 宫华, 等. 矿物材料及其纳米技术改造[J]. 中国矿业, 2005, 14(2): 53-57.

[132] 陈晟豪, 唐咸远, 马杰灵, 等. 基于正交试验的钢渣微粉超高性能混凝土抗压强度影响因素分析[J]. 公路, 2023, 68(1): 328-332.

[133] 肖建庄, 叶涛华, 隋同波, 等. 废弃混凝土再生微粉的基本问题及应用[J]. 材料导报, 2023, 37(10): 5-14.

[134] 陈耀金. 水泥混凝土路面病害分析与处治对策研究[D]. 广州: 广东工业大学, 2022.

[135] 张伟豪. 基于双 K 断裂模型的水泥混凝土路面 XFEM 开裂分析[D]. 西安: 长安大学, 2022.

[136] 刘志强, 张中杨, 娄勇, 等. 建成高质量水泥混凝土路面施工工艺探究[J]. 公路, 2020, 65(6): 130-133.